国家级职业教育规划教材
对接世界技能大赛技术标准创新系列教材
技工院校一体化课程教学改革建筑施工专业教材

张国华　主编

钢筋制作与安装

人力资源社会保障部教材办公室　组织编写

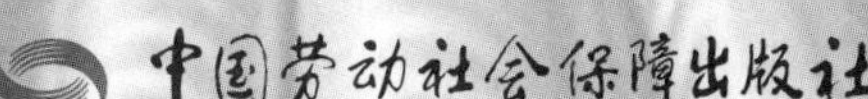

图书在版编目（CIP）数据

钢筋制作与安装 / 张国华主编 . -- 北京：中国劳动社会保障出版社，2022
对接世界技能大赛技术标准创新系列教材 技工院校一体化课程教学改革建筑施工专业教材
ISBN 978-7-5167-5227-2

Ⅰ. ①钢… Ⅱ. ①张… Ⅲ. ①钢筋 – 金属加工 – 技工学校 – 教材 Ⅳ. ①TU755.3

中国版本图书馆 CIP 数据核字（2022）第 042889 号

中国劳动社会保障出版社出版发行
（北京市惠新东街 1 号 邮政编码：100029）
*
北京市艺辉印刷有限公司印刷装订 新华书店经销
787 毫米 ×1092 毫米 16 开本 17.5 印张 283 千字
2022 年 4 月第 1 版 2022 年 4 月第 1 次印刷
定价：39.00 元

读者服务部电话：（010）64929211/84209101/64921644
营销中心电话：（010）64962347
出版社网址：http：//www.class.com.cn
http：//jg.class.com.cn

本书编审人员

主　编：张国华

副主编：骆圣明　姚玲云

参　编：司振民　孙凤芹　林育林　钱丹丹　庄海生　曹　军

序

世界技能大赛由世界技能组织每两年举办一届，是迄今全球地位最高、规模最大、影响力最广的职业技能竞赛，被誉为“世界技能奥林匹克”。我国于2010年加入世界技能组织，先后参加了五届世界技能大赛，累计取得36金、29银、20铜和58个优胜奖的优异成绩。第46届世界技能大赛将在我国上海举办。2019年9月，习近平总书记对我国选手在第45届世界技能大赛上取得佳绩作出重要指示，并强调，劳动者素质对一个国家、一个民族发展至关重要。技术工人队伍是支撑中国制造、中国创造的重要基础，对推动经济高质量发展具有重要作用。要健全技能人才培养、使用、评价、激励制度，大力发展技工教育，大规模开展职业技能培训，加快培养大批高素质劳动者和技术技能人才。要在全社会弘扬精益求精的工匠精神，激励广大青年走技能成才、技能报国之路。

为充分借鉴世界技能大赛先进理念、技术标准和评价体系，突出“高、精、尖、缺”导向，促进技工教育与世界先进标准接轨，完善我国技能人才培养模式，全面提升技能人才培养质量，人力资源社会保障部于2019年4月启动了世界技能大赛成果转化工作。根据成果转化工作方案，成立了由世界技能大赛中国集训基地、一体化课改学校，以及竞赛项目中国技术指导专家、企业专家、出版集团资深编辑组成的对接世界技能大赛技术标准深化专业课程改革工作小组，按照创新开发新专业、升级改造传统专业、深化一体化专业课程改革三种对接转化原则，以专业培养目标对接职业描述、专业课程对接世界技能标准、课程考核与评价对接评分方案等多种操作模式和路径，同时融入健康与安全、绿色与环保及可持续发展理念，开发与世界技能大赛项目对接的专业人才培养方案、教材及配套教学资源。首批对接 19 个世界技能大赛项目共 12 个专业的成果将于 2020—2021 年陆续出版，主要用于技工院校日常专业教学工作中，充分发挥世界技能大赛成果转化对技工院校技能人才的引领示范作用。在总结经验及调研的基础上选择新的对接项目，陆续启动第二批等世界技能大赛成果转化工作。

希望全国技工院校将对接世界技能大赛技术标准创新系列教材，作为深化专业课程建设、创新人才培养模式、提高人才培养质量的重要抓手，进一步推动教学改革，坚持高端引领，促进内涵发展，提升办学质量，为加快培养高水平的技能人才作出新的更大贡献！

2020 年 11 月

简介

本书为对接世界技能大赛技术标准创新系列教材 / 技工院校一体化课程教学改革建筑施工专业教材，依据《建筑施工专业国家技能人才培养标准及一体化课程规范》编写，按照《建筑施工专业国家技能人才培养标准及一体化课程规范》的课程、参考性学习任务、教学内容设计，并充分借鉴世界技能大赛瓷砖贴面、砌筑、混凝土建筑等项目的先进技能理念、技能标准、评价体系优化了教学内容。本书内容包括条形基础钢筋制作与安装、柱钢筋制作与安装、梁钢筋制作与安装、板钢筋制作与安装、墙钢筋制作与安装及楼梯钢筋制作与安装，与世界技能大赛项目结合紧密。

目 录

学习任务一
条形基础钢筋制作与安装

学习目标

1. 能读懂条形基础平法施工图的图示信息。
2. 能确定条形基础节点钢筋构造。
3. 能编制条形基础钢筋下料单。
4. 能进行条形基础钢筋加工与安装技术交底。
5. 能检查钢筋原材料与加工设备。
6. 能使用钢筋加工设备进行条形基础钢筋加工。
7. 能正确码放条形基础钢筋加工成品。
8. 能定位和临时固定条形基础钢筋。
9. 能绑扎和连接条形基础钢筋骨架。
10. 能检查条形基础钢筋骨架安装质量。
11. 能调整修复条形基础钢筋骨架安装质量问题。

建议学时

32 学时。

工作流程与活动

学习活动 1　获取条形基础平法施工图信息（2 学时）

学习活动 2　编制条形基础钢筋下料单（4 学时）

学习活动 3　进行条形基础钢筋制作与安装技术交底（4 学时）

学习活动 4　制作条形基础钢筋（8 学时）

学习活动 5　安装条形基础钢筋（12 学时）

学习活动 6　检查条形基础钢筋安装质量（2 学时）

工作情景描述

某样板房项目将进行基础钢筋施工，现需要钢筋工根据样板房基础施工图进行基础钢筋加工与绑扎。

考虑到本工程的重要性，现场施工单位项目部要求技术部门严格控制基础钢筋加工与绑扎的施工工艺（钢筋下料、加工、绑扎）和施工质量（钢筋成型尺寸、钢筋间距及相关构造措施等），并责成质量部门在施工过程中跟踪监督，加强管理；项目部要求钢筋工小王根据《混凝土结构工程施工质量验收规范》（GB 50204—2015）、《世界技能标准规范》（WSSS）中的相关测评标准进行自检和互检，并形成记录，向工程项目部反馈并存档。

学习活动 1
获取条形基础平法施工图信息

学习目标

能读懂条形基础平法施工图的图示信息。

建议学时

2 学时。

学习过程

一、填写基本配筋表

识读图 1-1-1 条形基础梁平法施工图和图 1-1-2 条形基础底板配筋图，查阅《混凝土结构施工图平面整体表示方法制图规则和构造详图》（16G101-3）图集规范和其他资料，填写表 1-1-1“条形基础平法施工图图示基本配筋表”。

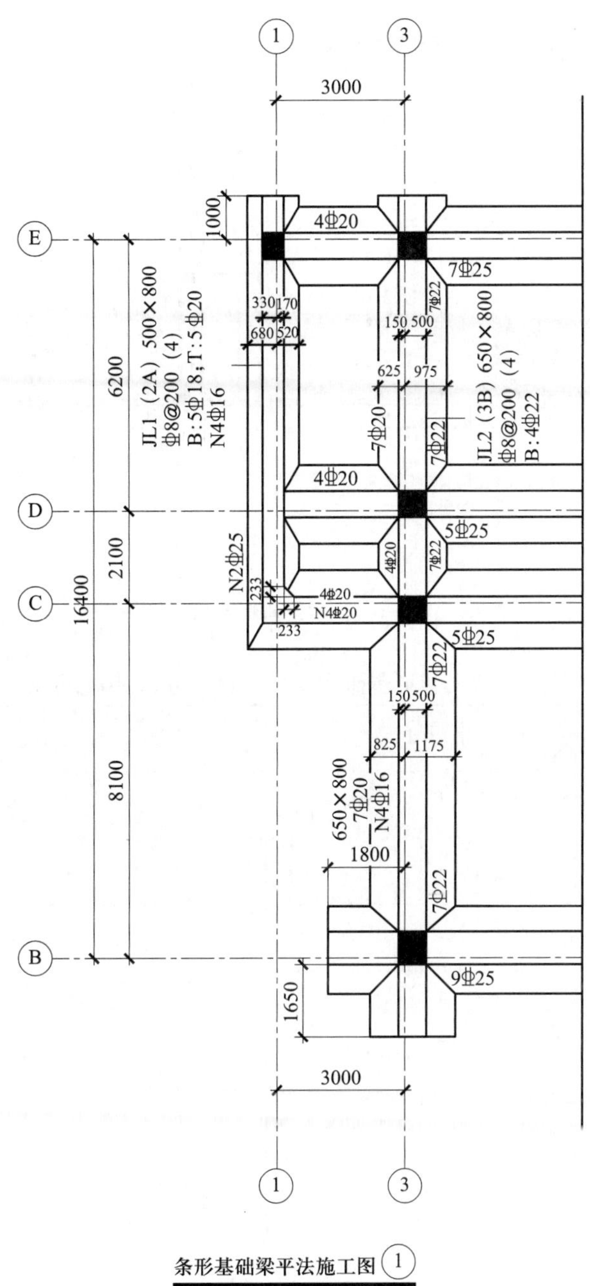

图 1-1-1　条形基础梁平法施工图[①]

① 建筑工程行业中，习惯在图纸中省略计量单位中的单位符号“mm”及标高标注中的单位符号“m”。本书为贴近具体工程实践，未改正工程图中缺少的单位符号。——编辑注

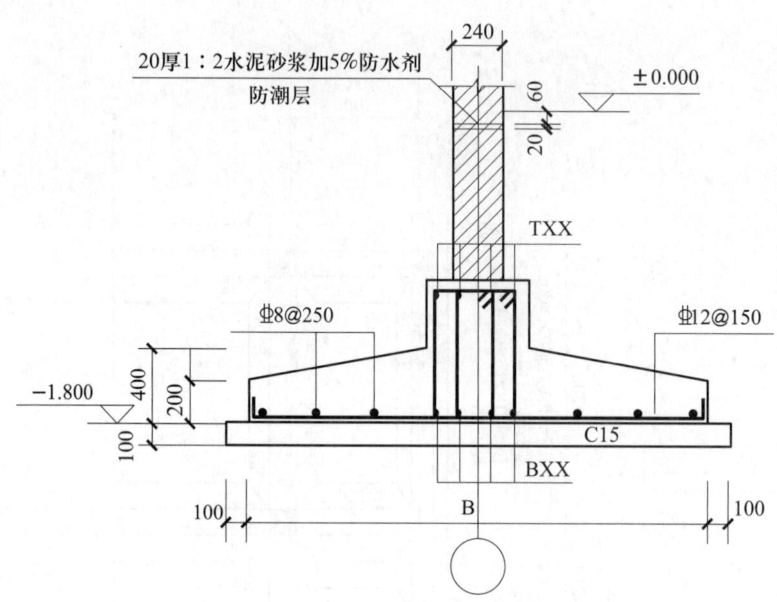

图 1-1-2　条形基础底板配筋图

表 1-1-1　条形基础平法施工图图示基本配筋表

	JL1		JL2		
	CD 跨	DE 跨	BC 跨	CD 跨	DE 跨
截面尺寸					
左支座下部筋					
跨中下部筋					
右支座下部筋					
上部筋					
箍筋					
抗扭筋					

二、绘制断面配筋图

识读图 1-1-1 条形基础梁平法施工图和图 1-1-2 条形基础底板配筋图，在下列框中完成各跨跨中断面配筋图的绘制。

图 1-1-3　3 轴 BC 跨跨中断面配筋图

图 1-1-4　3 轴 CD 跨跨中断面配筋图

图 1-1-5　3 轴 DE 跨跨中断面配筋图

图 1-1-6　1 轴 CD 跨跨中断面配筋图

图 1-1-7　1 轴 DE 跨跨中断面配筋图

评价与分析

根据每个小组成员在本活动学习过程中的表现填写“学习任务过程性考核记录表”（见附录）。

学习活动 2 编制条形基础钢筋下料单

学习目标

1. 能确定条形基础节点钢筋构造。
2. 能编制条形基础钢筋下料单。

建议学时

4 学时。

学习过程

一、绘制节点构造

识读图 1-1-1 条形基础梁平法施工图和图 1-1-2 条形基础底板配筋图，查阅《混凝土结构施工图平面整体表示方法制图规则和构造详图》（16G101-3）图集规范和其他资料，完成下列节点配筋构造图的绘制。

1. 在下框中绘制 3 轴条形基础梁 B 轴左侧悬挑端配筋构造。

图 1-2-1　3 轴条形基础梁 B 轴左侧悬挑端配筋构造

2. 在下框中绘制 1 轴条形基础梁 C 轴端支座处配筋构造。

图 1-2-2　1 轴条形基础梁 C 轴端支座处配筋构造

3. 在下框中绘制 3 轴条形基础板 B 轴处十字交叉配筋构造。

图 1-2-3　3 轴条形基础板 B 轴处十字交叉配筋构造

4. 在下框中绘制 1 轴条形基础板 D 轴处丁字交叉配筋构造。

图 1-2-4　1 轴条形基础板 D 轴处丁字交叉配筋构造

二、绘制钢筋展开图

识读图 1-1-1 条形基础梁平法施工图和图 1-1-2 条形基础底板配筋图，查阅《混凝土结构施工图平面整体表示方法制图规则和构造详图》(16G101-3）图集规范和其他资料，完成条形基础梁钢筋展开图的绘制。

1. 在下框中绘制 3 轴条形基础梁钢筋展开图。

图 1-2-5　3 轴条形基础梁钢筋展开图

2. 在下框中绘制 1 轴条形基础梁钢筋展开图。

图 1-2-6　1 轴条形基础梁钢筋展开图

三、填写钢筋计算表

识读图 1-1-1 条形基础梁平法施工图和图 1-1-2 条形基础底板配筋图，查阅《混凝土结构施工图平面整体表示方法制图规则和构造详图》（16G101-3）图集规范和其他资料，填写表 1-2-1“3 轴条形基础梁钢筋计算表”。

表 1-2-1　3 轴条形基础梁钢筋计算表

钢筋名称	编号	规格	钢筋下料长度计算	备注
BC 跨左底部非通长筋（含悬挑）				
DE 跨右底部非通长筋（含悬挑）				
底部通长筋（含悬挑）				
CD 跨底部通长筋（含 BC 跨、DE 跨非通长）				
BC 跨顶部通长筋（含悬挑）				
CD 跨顶部通长筋				
DE 跨顶部通长筋（含悬挑）				
BC 跨箍筋（含悬挑）				
CD 跨箍筋				
DE 跨箍筋（含悬挑）				
BC 跨抗扭筋				
底板受力筋（含悬挑）				
底板分布筋（含悬挑）				

四、填写钢筋配料单

识读图 1-1-1 条形基础梁平法施工图和图 1-1-2 条形基础底板配筋图，查阅

《混凝土结构施工图平面整体表示方法制图规则和构造详图》（16G101-3）图集规范和其他资料，填写表 1-2-2“3 轴条形基础梁钢筋配料单”。

表 1-2-2　3 轴条形基础梁钢筋配料单

构件名称	钢筋编号	钢筋简图	钢筋规格	下料长度	根数	质量

评价与分析

根据每个小组成员在本活动学习过程中的表现填写“学习任务过程性考核记录表”（见附录）。

学习活动 3
进行条形基础钢筋制作与安装技术交底

学习目标

能进行条形基础钢筋制作与安装技术交底。

建议学时

4 学时。

学习过程

一、填写钢筋制作技术要求

1. 查阅资料，将钢筋制作与安装过程中所需的材料、设备名称填写在下框中。

2. 查阅资料，将钢筋制作与安装过程中所需的场地条件要求填写在下框中。

3. 查阅资料，将钢筋材料制作的质量控制要求填写在下框中。

4. 查阅资料，将钢筋材料制作的安全要求填写在下框中。

二、填写钢筋安装技术要求

1. 查阅资料，将条形基础钢筋安装流程填写在下框中。

2. 查阅资料，将条形基础钢筋绑扎和连接要求填写在下框中。

3. 查阅资料，将条形基础钢筋安装质量控制标准填写在下框中。

4. 查阅资料，将条形基础钢筋安装的安全要求填写在下框中。

三、填写钢筋制作与安装技术交底记录

查阅资料，结合上述练习内容，填写表 1-3-1“条形基础钢筋制作与安装技术交底记录”。

表 1-3-1　条形基础钢筋制作与安装技术交底记录

工程名称		交底部位	
工序名称		交底日期	
交底内容：			
交底人		接交人	

评价与分析

根据每个小组成员在本活动学习过程中的表现填写“学习任务过程性考核记录表”（见附录）。

学习活动 4 制作条形基础钢筋

学习目标

1. 能检查钢筋原材料与加工设备。
2. 能使用钢筋加工设备进行条形基础钢筋制作。
3. 能正确码放条形基础钢筋加工成品。

建议学时

8 学时。

学习过程

一、编制钢筋加工领料单

以小组为单位，进入钢筋加工安装实训场地，熟悉图纸和钢筋下料单，在下框中写出钢筋加工领料单。

二、填写班前交底记录

以小组为单位，进行条形基础钢筋加工班前技术交底，填写表 1-4-1“钢筋加工班前技术交底记录”。

表 1-4-1　钢筋加工班前技术交底记录

工程名称		交底部位	
工序名称		交底日期	
交底内容：			
交底人		接交人	

三、编制原材料与设备检查单

以小组为单位，检查钢筋原材料与加工设备，编制原材料与设备检查单。

四、绘制码放区域布置图

以小组为单位，按照钢筋加工成品码放规定，在下框中绘制码放区域布置图。

五、进行钢筋下料与加工

以小组为单位，按照钢筋下料单进行钢筋下料与加工，并将钢筋加工成品按规定码放。

评价与分析

根据每个小组成员在本活动学习过程中的表现填写“学习任务过程性考核记录表”（见附录）。

学习活动 5
安装条形基础钢筋

学习目标

1. 能定位和临时固定条形基础钢筋。
2. 能绑扎和连接条形基础钢筋骨架。

建议学时

12 学时。

学习过程

一、绘制钢筋安装流程图

以小组为单位，进入钢筋制作与安装实训场地，熟悉图纸和钢筋下料单，在下框中绘制条形基础钢筋安装流程图。

二、填写钢筋安装班前交底记录

以小组为单位，模拟条形基础钢筋安装班前技术交底，填写表 1-5-1“钢筋安装班前技术交底记录”。

表 1-5-1　钢筋安装班前技术交底记录

<table>
<tr><td>工程名称</td><td></td><td>交底部位</td><td></td></tr>
<tr><td>工序名称</td><td></td><td>交底日期</td><td></td></tr>
<tr><td colspan="4">交底内容：</td></tr>
<tr><td>交底人</td><td></td><td>接交人</td><td></td></tr>
</table>

三、绘制钢筋安装定位图

1. 以小组为单位，按照图纸进行条形基础底板钢筋定位与绑扎，绘制 3 轴条形基础底板钢筋安装定位图。

2. 以小组为单位，按照图纸进行条形基础梁钢筋定位与绑扎，绘制 3 轴条形基础梁钢筋安装示意图。

四、进行钢筋安装

以小组为单位，结合上述练习内容，按照图纸进行条形基础底板钢筋定位与绑扎。

评价与分析

根据每个小组成员在本活动学习过程中的表现填写“学习任务过程性考核记录表”（见附录）。

学习活动 6 检查条形基础钢筋安装质量

学习目标

1. 能检查条形基础钢筋安装质量。
2. 能调整修复条形基础钢筋安装质量问题。

建议学时

2 学时。

学习过程

一、填写钢筋安装检查记录

以小组为单位，进入钢筋制作与安装实训场地，熟悉图纸和钢筋下料单，按表 1-6-1 的要求检查条形基础钢筋安装实训成品质量，在表 1-6-2 中填写条形基础钢筋安装检查记录。

表 1-6-1　钢筋安装允许偏差和检验方法

序号	项目		允许偏差 /mm		检验方法
			国家标准	世赛标准	
1	绑扎钢筋网	长、宽	± 10	± 1	尺量
		网眼尺寸	± 20	± 1	尺量连续三档，取最大偏差值
2	绑扎钢筋骨架	长	± 10	± 1	尺量
		宽、高	± 5	± 1	尺量

续表

<table>
<tr><th rowspan="2">序号</th><th colspan="2" rowspan="2">项目</th><th colspan="2">允许偏差 /mm</th><th rowspan="2">检验方法</th></tr>
<tr><th>国家标准</th><th>世赛标准</th></tr>
<tr><td rowspan="3">3</td><td rowspan="3">纵向受力钢筋</td><td>锚固长度</td><td>−20</td><td>± 1</td><td>尺量</td></tr>
<tr><td>间距</td><td>± 10</td><td>± 1</td><td rowspan="2">尺量两端、中间各一点，取最大偏差值</td></tr>
<tr><td>排距</td><td>± 5</td><td>± 1</td></tr>
<tr><td rowspan="3">4</td><td rowspan="3">纵向受力钢筋、箍筋的混凝土保护层厚度</td><td>基础</td><td>± 10</td><td>± 1</td><td>尺量</td></tr>
<tr><td>柱、梁</td><td>± 5</td><td>± 1</td><td>尺量</td></tr>
<tr><td>板、墙、壳</td><td>± 3</td><td>± 1</td><td>尺量</td></tr>
<tr><td>5</td><td colspan="2">绑扎箍筋、横向钢筋间距</td><td>± 20</td><td>± 1</td><td>尺量连续三档，取最大偏差值</td></tr>
<tr><td>6</td><td colspan="2">钢筋弯起点位置</td><td>20</td><td>± 1</td><td>尺量，沿纵、横两个方向测量，并取其中偏差的较大值</td></tr>
<tr><td rowspan="2">7</td><td rowspan="2">预埋件</td><td>中心线位置</td><td>5</td><td>± 1</td><td>尺量</td></tr>
<tr><td>水平高差</td><td>+3，0</td><td>± 1</td><td>尺量</td></tr>
</table>

表 1-6-2　条形基础钢筋安装检查记录

<table>
<tr><th>序号</th><th colspan="2">项目</th><th>偏差值 /mm</th><th>检验方法</th></tr>
<tr><td rowspan="2">1</td><td rowspan="2">绑扎钢筋网</td><td>长、宽</td><td></td><td></td></tr>
<tr><td>网眼尺寸</td><td></td><td></td></tr>
<tr><td rowspan="2">2</td><td rowspan="2">绑扎钢筋骨架</td><td>长</td><td></td><td></td></tr>
<tr><td>宽、高</td><td></td><td></td></tr>
<tr><td rowspan="3">3</td><td rowspan="3">纵向受力钢筋</td><td>锚固长度</td><td></td><td></td></tr>
<tr><td>间距</td><td></td><td rowspan="2"></td></tr>
<tr><td>排距</td><td></td></tr>
<tr><td rowspan="3">4</td><td rowspan="3">纵向受力钢筋、箍筋的混凝土保护层厚度</td><td>基础</td><td></td><td></td></tr>
<tr><td>柱、梁</td><td></td><td></td></tr>
<tr><td>板、墙、壳</td><td></td><td></td></tr>
<tr><td>5</td><td colspan="2">绑扎箍筋、横向钢筋间距</td><td></td><td></td></tr>
<tr><td>6</td><td colspan="2">钢筋弯起点位置</td><td></td><td></td></tr>
<tr><td rowspan="2">7</td><td rowspan="2">预埋件</td><td>中心线位置</td><td></td><td></td></tr>
<tr><td>水平高差</td><td></td><td></td></tr>
</table>

二、填写钢筋安装调整修复记录

以小组为单位，调整修复条形基础钢筋安装存在的质量问题，并在下框填写条形基础钢筋安装调整修复记录。

评价与分析

按照客观、公正和公平原则，在教师的指导下按自我评价、小组评价和教师评价三种方式对自己或他人在本学习任务中的表现进行综合评价。综合等级按 A（90 ~ 100）、B（75 ~ 89）、C（60 ~ 74）、D（0 ~ 59）四个级别填写。学习任务综合评价表见表 1-6-3。

表 1-6-3　学习任务综合评价表

考核项目	评价内容	配分	评价分数		
			自我评价	小组评价	教师评价
职业素养	劳防用品穿戴完备，仪容仪表符合工作要求				
	安全意识、责任意识、服从意识强				
	积极参加教学活动，按时完成各项学习任务				
	团队合作意识强，善于与人交流和沟通				
	自觉遵守劳动纪律，尊敬师长，团结同学				
	爱护公物，节约材料，现场符合“7S”管理标准				

续表

<table>
<tr><th rowspan="2">考核项目</th><th rowspan="2">评价内容</th><th rowspan="2">配分</th><th colspan="3">评价分数</th></tr>
<tr><th>自我评价</th><th>小组评价</th><th>教师评价</th></tr>
<tr><td rowspan="3">专业能力</td><td>专业知识扎实，有较强的自学能力</td><td></td><td></td><td></td><td></td></tr>
<tr><td>施工操作积极，训练刻苦，具有相应的动手能力</td><td></td><td></td><td></td><td></td></tr>
<tr><td>施工规范，认真选取原料，注重工艺安全，工作效率高</td><td></td><td></td><td></td><td></td></tr>
<tr><td rowspan="2">工作成果</td><td>钢筋施工满足图纸要求</td><td></td><td></td><td></td><td></td></tr>
<tr><td>工作总结符合要求，钢筋施工质量高</td><td></td><td></td><td></td><td></td></tr>
<tr><td colspan="2">总分</td><td></td><td></td><td></td><td></td></tr>
<tr><td>总评</td><td>自我评价 ×20% + 小组评价 ×20% + 教师评价 ×60% =</td><td>综合等级</td><td></td><td colspan="2">教师（签字）:</td></tr>
</table>

学习任务二
柱钢筋制作与安装

学习目标

1. 能识读柱平法施工图。

2. 能制作一份钢筋下料表空表。

3. 能检查现场机具准备情况，检查材料准备是否满足规范要求，填写施工现场“7S”点检表、施工机具表及施工日志。

4. 能绘制柱钢筋制作工艺流程图。

5. 能绘制柱钢筋安装工艺流程图。

6. 能正确绘制钢筋大样图，填写钢筋下料表。

7. 能合理选用钢材及钢筋连接方式。

8. 能按照图纸进行钢筋加工。

9. 能按照图纸和规范要求进行钢筋连接和绑扎工作。

10. 能做好成品保护，填写施工日志。

11. 能找出柱钢筋成品中的错误及不规范处。

12. 能在错误或者不规范处进行标记，并列出原因。

13. 能复核并修改错误及不规范处，并填写施工日志。

14. 能反馈施工资料，做好成品保护，最后提交检查。

建议学时

32 学时。

工作流程与活动

学习活动 1　获取柱钢筋制作与安装信息（4 学时）

学习活动 2　制定柱钢筋制作与安装方案（6 学时）

学习活动 3　审定柱钢筋制作与安装方案（4 学时）

学习活动 4　实施柱钢筋制作与安装方案（12 学时）

学习活动 5　柱钢筋制作与安装过程控制（4 学时）

学习活动 6　柱钢筋制作与安装验收总结（2 学时）

工作情景描述

某样板房项目将进行柱钢筋施工，现需要钢筋工根据样板房柱平法施工图进行柱钢筋制作与安装。

为保证柱钢筋制作与安装顺利完成，项目部要求施工员小王带领钢筋施工班组成员按照施工图和钢筋工程施工方案，按“7S”管理标准管理施工现场，完成柱钢筋放样及下料单制作，进行柱钢筋制作与安装，形成记录，并向工程项目部反馈及存档，最后将所有技术文档上交项目经理。假如你是施工员小王，其余小组成员是钢筋班组成员，你应该如何做呢?

学习活动 1 获取柱钢筋制作与安装信息

学习目标

1. 巩固柱结构施工详图平法识图、柱钢筋构造有关知识，掌握柱钢筋加工与安装施工流程。

2. 掌握柱的基本概念、类型及受力特点。

3. 培养团队协作和精益求精的精神。

建议学时

4 学时。

学习过程

一、学习准备

工作页、计算机、《混凝土结构施工图平面整体表示方法制图规则和构造详图》（16G101-1）、白板、白板笔、卡纸、磁贴、激光笔、投影仪、展示台等。

二、引导问题

1. 阅读以下任务描述，并用下划线的形式画出关键词，明确任务要求。

某样板房项目将进行柱钢筋施工，现需要钢筋工根据样板房柱平法施工图进行柱钢筋制作与安装。

为保证柱钢筋制作与安装顺利完成，项目部要求施工员小王带领钢筋施工班组成员按照施工图和钢筋工程施工方案，按“7S”管理标准管理施工现场，完成柱钢筋放样及下料单制作，进行柱钢筋制作与安装，形成记录，并向工程项目部反馈及存档，最后将所有技术文档上交项目经理。假如你是施工员小王，其他小组成员是钢筋班组成员，你应该如何做呢？

2. 查阅小提示及《混凝土结构施工图平面整体表示方法制图规则和构造详图》（16G101-1）图集规范，画出图 2-1-1 中 KZ1 截面正确的配筋图。

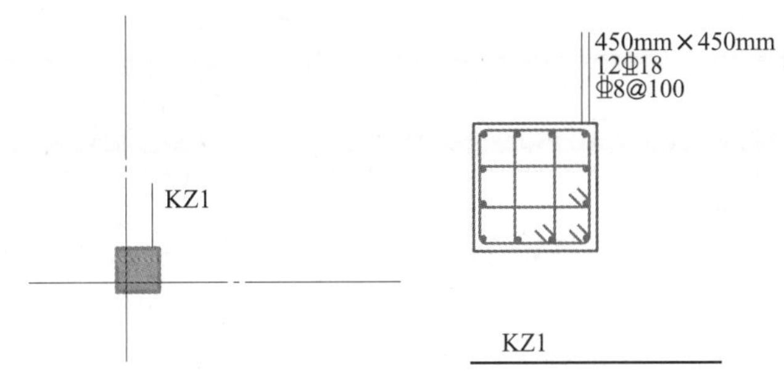

图 2-1-1　KZ1 截面的配筋图

3. 观看视频，结合相关资料，判断表 2-1-1 是否合理。

表 2-1-1　钢筋下料表

构件名称	钢筋编号	简图	型号	直径 / mm	下料长度 / mm	单根根数	合计根数	质量 / kg

4. 柱平法施工图的表示方法。柱平法施工图的表示方法见表 2-1-2。

表 2-1-2 柱平法施工图的表示方法

柱类型	代号	序号
框架柱	KZ	××
转换柱	ZHZ	××
芯柱	XZ	××
梁上柱	LZ	××
剪力墙上柱	QZ	××

5. 贯彻生产现场“7S”管理标准。“7S”管理是现代企业行之有效的现场管理理念和方法。它能提高工作效率，保证产品质量，使工作环境整洁有序，以预防为主，保证安全。查阅相关资料，说明柱钢筋施工现场“7S”管理相应的工作范畴，并填写在表 2-1-3 中。

表 2-1-3 柱钢筋施工现场“7S”管理工作范畴

内容	含义与目的	柱钢筋施工工作范畴
整理（SEIRI）	将工作场所的任何物品区分为有必要的和没有必要的，除了有必要的留下来，其他的都消除掉 腾出空间，空间活用，防止误用，塑造清爽的工作场所	
整顿（SEITON）	把留下来的必要用品摆放在规定位置上，放置整齐并加以标识 工作场所一目了然，节省寻找物品的时间，营造整整齐齐的工作环境，消除过多的积压物品	
清扫（SEISO）	将工作场所内看得见和看不见的地方清扫干净，保持工作场所整洁 稳定品质，减少工业伤害	
清洁（SEIKETSU）	将整理、整顿、清扫进行到底并制度化，保持环境的外在美观 创造明朗现场，维持以上“3S”成果	

续表

内容	含义与目的	柱钢筋施工工作范畴
素养 （SHITSUKE）	每一位成员养成良好的习惯，并遵守规则，培养积极主动的精神（也称习惯性） 培养有好习惯、遵守规则的员工，培养团队精神	
安全 （SECURITY）	重视安全教育，要求员工每时每刻都有“安全第一”的意识，防患于未然 建立安全的生产环境，所有的工作应建立在安全的前提下	
节约 （SAVING）	对时间、空间、能源等合理利用，发挥最大效能 创造高效、物尽其用的工作场所	

评价与分析

根据每个小组成员在本活动学习过程中的表现填写“学习任务过程性考核记录表”（见附录）。

学习活动 2
制定柱钢筋制作与安装方案

学习目标

1. 能检查现场机具准备情况，检查材料准备是否满足规范要求，填写施工现场“7S”点检表、施工机具表及施工日志。

2. 能绘制柱钢筋制作工艺流程图。

3. 能绘制柱钢筋安装工艺流程图。

4. 掌握柱钢筋生产过程工艺及质量验收规范。

5. 培养团队协作和精益求精的精神。

建议学时

6 学时。

学习过程

一、学习准备

工作页、《混凝土结构工程施工质量验收规范》（GB 50204—2015）、《钢筋混凝土用钢　第 2 部分：热轧带肋钢筋》（GB/T 1499.2—2018）、计算机、白板、白板笔、卡纸、磁贴、激光笔、投影仪、展示台、仿真软件等。

二、引导问题

1. 完成习题

阅读《混凝土结构工程施工质量验收规范》（GB 50204—2015）的内容，完成下列习题。

（1）钢筋、成型钢筋进场检验，当满足下列条件之一时，其检验批容量可扩大一倍：获得认证的钢筋、成型钢筋；同一（　　）、同一（　　）、同一（　　）的钢筋，连续三批均一次检验合格；同一厂家、同一类型、同一钢筋来源的成型钢筋，连续三批均一次检验合格。（　　）

A．厂家 牌号 规格　　B．工程 牌号 规格

C．厂家 质量 规格　　D．厂家 牌号 类型

（2）成型钢筋进场时，应抽取试件做屈服强度、抗拉强度、伸长率和重量偏差检验，检验结果应符合国家现行相关标准的规定。检查数量：同一厂家、同一类型、同一钢筋来源的成型钢筋，不超过（　　）为一批，每批中每种钢筋牌号、规格均应至少抽取 1 个钢筋试件，总数不应少于 3 个。

A．30 t　　B．60 t　　C．90 t　　D．120 t

（3）钢筋的屈服强度实测值与屈服强度标准值的比值不应大于（　　）。

A．1.25　　B．1.30　　C．1.40　　D．1.45

（4）钢筋应（　　）、无损伤，表面不得有（　　）、油污、颗粒状或片状老锈。

A．平直 裂纹　　B．伸长 收缩　　C．平直 收缩　　D．伸长 裂纹

（5）光圆钢筋弯折的弯弧内直径不应小于钢筋直径的（　　）倍，335 MPa 级、400 MPa 级带肋钢筋弯折的弯弧内直径不应小于钢筋直径的（　　）倍。

A．2.5　4　　B．5　4　　C．6　5　　D．7　10

（6）500 MPa 级带肋钢筋，当直径为 28 mm 以下时，弯折的弯弧内直径不应小于钢筋直径的（　　）倍；当直径为 28 mm 及以上时，弯折的弯弧内直径不应小于钢筋直径的（　　）倍。

A．2.5　3　　B．6　7　　C．6　5　　D．7　10

（7）箍筋、拉筋的末端应按设计要求做弯钩，并应符合下列规定：对一般结构构件，箍筋弯钩的弯折角度不应小于 90°，弯折后平直段长度不应小于箍筋直径的（　　）倍；对有抗震设防要求或设计有专门要求的结构构件，箍筋弯钩的弯折角度不应小于（　　），弯折后平直段长度不应小于箍筋直径的 10 倍和 75 mm 两者之中的较大值。

A．5　135°　　B．7　135°　　C．10　90°　　D．15　180°

2. 填写施工机具表

根据现场情况，以小组的形式填写表 2-2-1“施工机具表”。

表 2-2-1　施工机具表

名称	型号	数量	进场时间

3. 以小组的形式填写施工日志

施工日志也叫施工日记，是对建筑工程整个施工阶段的施工组织管理、施工技术等有关施工活动和现场情况变化的真实的综合性记录，也是处理施工问题的备忘录和总结施工管理经验的基本素材，是工程竣工验收资料的重要组成部分。

施工日志的内容可分为五类：基本内容、工作内容、检验内容、检查内容和其他内容，见表 2-2-2。

表 2-2-2　施工日志

<table>
<tr><td>日期</td><td></td><td>施工部位</td><td colspan="3"></td></tr>
<tr><td>天气状况</td><td></td><td>风力</td><td></td><td>温度 /℃</td><td></td></tr>
<tr><td colspan="6">施工动态记录：（施工项目内容、机械作业、班组工作、生产存在的问题等）</td></tr>
<tr><td colspan="6">技术质量安全工作记录：（技术质量安全活动、技术质量安全问题等）</td></tr>
<tr><td colspan="6">与监理和业主往来：</td></tr>
<tr><td colspan="6">今日大事记录：</td></tr>
</table>

工程负责人		记录人	

（1）基本内容

1）日期、星期、气象、温度。温度可记为 ×× ～ ×× ℃，气象按上午和下午分别记录。

2）施工部位。施工部位应将分部、分项工程名称和轴线、楼层等写清楚。

3）出勤人数、操作负责人。出勤人数一定要分工种记录，并记录工人的总人数，以及工人和机械的工程量。

（2）工作内容

1）当日施工内容及实际完成情况。

2）施工现场有关会议的主要内容。

3）有关领导、主管部门或各种检查组对工程施工技术、质量、安全方面的检查意见和决定。

4）建设单位、监理单位对工程施工提出的技术要求、质量要求、意见及采纳实施情况。

（3）检验内容

1）隐蔽工程验收情况。应写明隐蔽工程的内容、楼层、轴线、分项工程、验收人员、验收结论等。

2）试块制作情况。应写明试块名称、楼层、轴线和试块组数。

3）材料进场、送检情况。应写明批号、数量、生产厂家及进场材料的验收情况，以及送检后的检验结果。

（4）检查内容

1）质量检查情况：当日混凝土浇筑及成型、钢筋安装及焊接、砖砌体、模板安拆、抹灰、屋面工程、楼地面工程、装饰工程等的质量检查和处理记录；混凝土养护记录，砂浆、混凝土外加剂掺用量；质量事故原因及处理方法，质量事故处理后的效果验证。

2）安全检查情况及安全隐患处理（纠正）情况。

3）其他检查情况，如文明施工及场容场貌管理情况等。

（5）其他内容

1）设计变更、技术核定通知及执行情况。

2）施工任务交底、技术交底、安全技术交底情况。

3）停电、停水、停工情况。

4）施工机械故障及处理情况。

5）冬季、雨季施工准备及措施执行情况。

6）施工中涉及的特殊措施和施工方法，新技术、新材料的推广使用情况。

4. 绘制柱钢筋制作流程图（见图 2–2–1）

5. 绘制柱钢筋安装工艺流程图（见图 2–2–2）

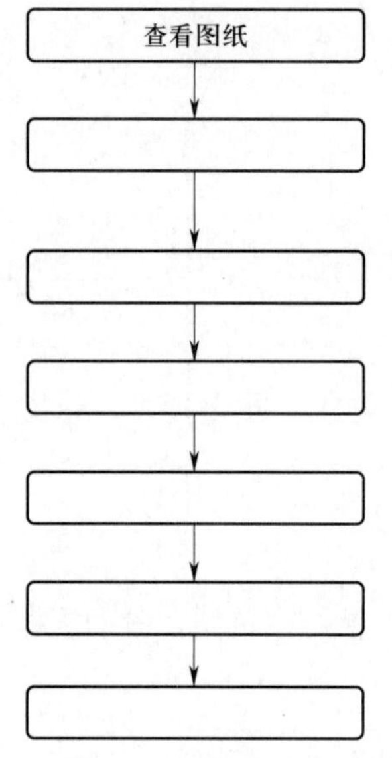

图 2–2–1　柱钢筋制作流程图

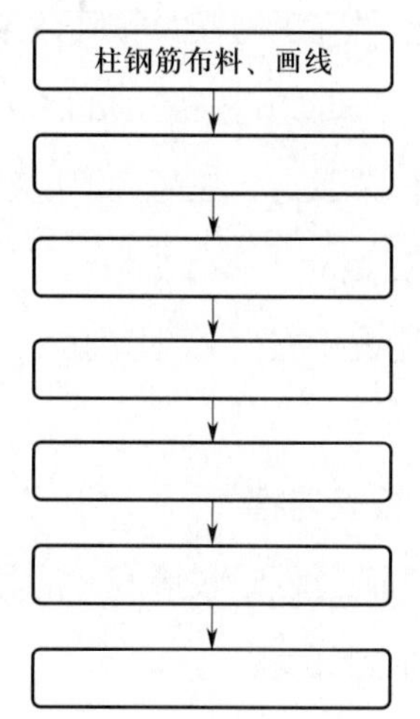

图 2–2–2　柱钢筋安装工艺流程图

评价与分析

根据每个小组成员在本活动学习过程中的表现填写“学习任务过程性考核记录表”（见附录）。

学习活动 3
审定柱钢筋制作与安装方案

学习目标

1. 能对拟定好的方案做理由陈述。

2. 能根据教师和同学的意见对方案做必要的修改，制作工作任务现场看板。

3. 能编制柱的施工方案。

4. 具备发现问题、解决问题的能力。

5. 培养团队协作和精益求精的精神。

建议学时

4 学时。

学习过程

一、学习准备

1. 工作页、计算机、白板、白板笔、卡纸、磁贴、激光笔、投影仪、展示台等。

2. 互联网检索方案评估方法和方案修订方法。

二、引导问题

1. 上台陈述柱钢筋制作与安装方案：获取柱信息的做法，制定钢筋下料表，填写施工现场“7S”点检表、施工机具表、施工日志，绘制柱钢筋加工工艺流程图，绘制柱钢筋绑扎施工工艺流程图。

2. 听取其他小组上台陈述的工作方案，小组讨论、评估、修订自己的工作方案。

三、编制柱的施工方案

1. 编制说明

（1）编制目的、适用范围

编制目的:____

____。

适用范围:____

____。

（2）编制依据

1）施工图纸（见表2-3-1）。

表2-3-1 施工图纸

序号	图纸名称及设计编号	图纸目录	设计单位
1	某校建筑模型室柱施工图	1	

2）主要规范、规程（见表2-3-2）。

表2-3-2 主要规范、规程

序号	规范、规程名称	规范、规程编号
1	混凝土结构工程施工质量验收规范	GB 50204—2015
2	建筑地基基础工程施工质量验收规范	GB 50202—2018
3	建筑工程施工质量验收统一标准	GB 50300—2013
4	混凝土质量控制标准	GB 50164—2011
5	混凝土结构施工图平面整体表示方法制图规则和构造详图	16G101-1、16G101-2、16G101-3
6	建筑物抗震构造详图	20G329-1
7	建筑工程资料管理规程	JGJ/T 185—2009

3）有关法规（见表 2-3-3）。

表 2-3-3　有关法规

<table>
<tr><th>序号</th><th>类别</th><th>名称</th><th>编号</th></tr>
<tr><td>1</td><td rowspan="3">国家</td><td>中华人民共和国建筑法</td><td>—</td></tr>
<tr><td>2</td><td>中华人民共和国劳动法</td><td>—</td></tr>
<tr><td>3</td><td>建设工程质量管理条例</td><td>—</td></tr>
<tr><td>4</td><td>行业</td><td>建设工程施工现场管理规定</td><td>建设部令第 15 号</td></tr>
</table>

2. 工程概况

（1）基本概况

基本概况：____

____

____。

（2）设计概况（见表 2-3-4）

表 2-3-4　设计概况

<table>
<tr><td rowspan="4">1</td><td rowspan="4">建筑面积</td><td>总建筑面积</td><td>万 m^2</td><td colspan="2">地下面积</td><td>万 m^2</td></tr>
<tr><td>占地面积</td><td>万 m^2</td><td colspan="2">地上面积</td><td>万 m^2</td></tr>
<tr><td rowspan="2">地下</td><td rowspan="2">层</td><td rowspan="2">地上</td><td>Ⅱ区</td><td>层</td></tr>
<tr><td>Ⅲ区</td><td>层</td></tr>
<tr><td>2</td><td>层高 /m</td><td colspan="5"></td></tr>
<tr><td rowspan="2">3</td><td rowspan="2">结构概况</td><td>基础形式</td><td colspan="4"></td></tr>
<tr><td>结构形式</td><td colspan="4"></td></tr>
<tr><td rowspan="3">4</td><td rowspan="3">结构断面尺寸 /mm</td><td>基础底板厚度</td><td colspan="4"></td></tr>
<tr><td>剪力墙厚度</td><td colspan="4"></td></tr>
<tr><td>楼板厚度</td><td colspan="4"></td></tr>
<tr><td>5</td><td>抗震等级</td><td colspan="5"></td></tr>
<tr><td>6</td><td>钢筋类别</td><td colspan="5"></td></tr>
<tr><td>7</td><td>钢筋直径 /mm</td><td colspan="5"></td></tr>
<tr><td>8</td><td>钢筋接头形式</td><td colspan="5"></td></tr>
</table>

（3）现场概况

现场概况：____

____

____。

（4）工程难点

工程难点：____

____

____。

3. 施工准备

（1）技术准备

技术准备：____

____

____

____

____

____

____

____。

（2）机具准备（见表 2-3-5）

表 2-3-5　钢筋机具准备一览表

序号	机械设备名称	型号	数量	功率
1				
2				
3				
4				
5				
6				

（3）人员准备（见表 2-3-6）

表 2-3-6　人员准备

序号	工位号	人员分工	人数	备注
1				根据工程施工进度和实际情况，各工种人数会有所变化
2				
3				
4				
5				
6				

（4）材料准备

1）钢筋场地准备。由于施工场地狭小，钢筋场地准备的具体要求如下：钢筋场地应划分为钢筋原材堆放区、钢筋半成品堆放区和钢筋加工区，钢筋进临时加工场均按规定位置放在指定场区内。

2）场地平面布置图（见图 2-3-1）。

图 2-3-1　场地平面布置图

3）堆放要求

①原材。进场钢筋原材按未检验钢筋、检验合格钢筋、检验不合格钢筋分别堆放；不得直接堆放在地面，应用 100 mm × 100 mm 方木垫块架空堆放，以免钢筋

被水浸泡而生锈；挂标识牌，标识牌规格尺寸为 297 mm × 210 mm。请自行设计材料标识牌 1（见图 2-3-2）。

图 2-3-2　材料标识牌 1

②成品和半成品。已加工好的钢筋按绑扎顺序分类、分区码放整齐，成行成列。成品和半成品存放场地挂标识牌，标识牌要标明钢筋规格、钢筋编号、使用部位及数量。请自行设计材料标识牌 2（见图 2-3-3）。

图 2-3-3　材料标识牌 2

（5）材料要求

1）钢筋。检查钢筋出厂合格证、质量证明文件及备案，按规定进行见证取样复试，经检验合格后方可使用。进场钢筋的生产厂家、规格、型号、数量应与出厂合格证或试验报告中所标明的相符，指标符合有关标准和规范。钢筋的外观应平直、无损伤，表面不得有裂纹、油污、颗粒状或片状老锈。

纵向受力钢筋的抗拉强度实测值与屈服强度实测值的比值不小于 1.25。钢筋的屈服强度实测值与强度标准值的比值不大于 1.30，其目的是保证在地震作用下某些结构部位出现塑性铰以后钢筋还具有足够的变形能力。

2）铁丝。钢筋绑扎用的铁丝可采用 20 ～ 22 号铁丝（火烧丝）或镀锌铁丝，其中 22 号铁丝只用于绑扎直径 12 mm 以下的钢筋。钢筋绑扎铁丝长度参见表 2-3-7。

表 2-3-7　钢筋绑扎铁丝长度

钢筋直径 /mm	铁丝长度 /mm							
	6 号～8 号	10 号～12 号	14 号～16 号	18 号～20 号	22 号	25 号	28 号	32 号
6 ～ 8	150	170	190	220	250	270	290	320
10 ～ 12	—	190	220	250	270	290	310	340
14 ～ 16	—	—	250	270	290	310	330	360
18 ～ 20	—	—	—	290	310	330	350	380
22	—	—	—	—	330	350	370	400

4. 主要施工方法

（1）柱钢筋加工

钢筋加工采用工位内加工，同时工位内堆放钢筋成品和半成品。

（2）柱钢筋加工要求

柱钢筋加工要求：____

____

____

____

____

____

____

____。

钢筋加工的形状、尺寸符合设计要求，其偏差应符合表 2-3-8。

表 2-3-8　钢筋加工的允许偏差

序号	项目	允许偏差 /mm	
		国家标准	世赛标准
1	受力钢筋沿长度方向的净尺寸	± 10	± 1
2	弯起钢筋的弯折位置	± 20	± 1
3	箍筋外廓尺寸	± 5	± 1

（3）钢筋半成品堆放

钢筋半成品按规格码放，挂好标识牌，以免混淆。每一种加工完成的钢筋上不得少于两个标识牌，标识牌的材料为塑料胸卡材质，标识牌的表格采用机器打印、手工填写，标识牌可重复使用。请自行设计材料标识牌 3（见图 2-3-4）。

图 2-3-4　材料标识牌 3

每一批原材钢筋存放支架上设木标识牌，木标识牌上用图钉固定塑料夹，便于随时更换。标识卡采用塑料板，塑料板可重复使用。请自行设计材料标识牌 4（见图 2-3-5）。

图 2-3-5　材料标识牌 4

（4）钢筋抽样

钢筋抽样由专业人员进行。抽样前仔细阅读有关图纸、设计变更、洽商及相关规范、规程、标准、图集，熟悉钢筋构造要求，读懂图纸中的各个细部，并以此画出结构配筋详图。

钢筋抽样中结合现场实际情况，考虑搭接、锚固等规范要求，进行放样下料。下料时必须兼顾钢筋长短搭配，最大限度地节约钢筋。

料单在该批钢筋加工使用前 7 天编制完毕，并经有关工程师审批后，方可下料加工。

下料前应依据料单查看现场钢筋的规格、用量情况，以及原材料复试是否合格、原材料各种规格是否齐全。如需钢筋代换，应与技术部会同设计人员协商，办理设计变更文件，方可进行钢筋代换施工。

（5）钢筋除锈的方法和设备

钢筋除锈的方法和设备：____

____

____

____

____

____。

（6）钢筋加工工具和设备

1）钢筋调直的方法和设备：直径 12 mm 以下的盘条采用钢筋调直机进行调直，同时可以根据需要切断。

2）钢筋切断的方法和设备：____

____

____

____

____

____

____。

3）钢筋弯曲成型的方法和设备：____________________________________

____

____

____

____

____

____

____

____。

（7）钢筋连接

钢筋连接方式：____

____

____。

1）一般要求：____

____

____

____

____。

2）柱钢筋的搭接要求：____

____

____

____

____。

（8）钢筋绑扎

柱钢筋绑扎：____

____

____

____

____

____

____。

5. 质量要求

（1）允许偏差和检验方法（见表 2-3-9）

表 2-3-9 钢筋安装允许偏差和检验方法

序号	项目		允许偏差 /mm		检验方法
			国家标准	世赛标准	
1	绑扎钢筋网	长、宽	± 10	± 1	尺量
		网眼尺寸	± 20	± 1	尺量连续三档，取最大偏差值
2	绑扎钢筋骨架	长	± 10	± 1	尺量
		宽、高	± 5	± 1	尺量
3	纵向受力钢筋	锚固长度	−20	± 1	尺量
		间距	± 10	± 1	尺量两端、中间各一点，取最大偏差值
		排距	± 5	± 1	
4	纵向受力钢筋、箍筋的混凝土保护层厚度	基础	± 10	± 1	尺量
		柱、梁	± 5	± 1	尺量
		板、墙、壳	± 3	± 1	尺量
5	绑扎箍筋、横向钢筋间距		± 20	± 1	尺量连续三档，取最大偏差值
6	钢筋弯起点位置		20	± 1	尺量，沿纵、横两个方向量测，并取其中偏差的较大值
7	预埋件	中心线位置	5	± 1	尺量
		水平高差	+3，0	± 1	尺量

（2）验收方法

1）主控项目：____。

2）一般项目：____。

（3）应注意的问题

应注意的问题：____。

（4）成品保护措施

成品保护措施：____。

6. 安全文明施工措施及环保措施

（1）安全文明施工措施

1）文明施工措施：____

____

____

____

____

____

____。

2）钢筋工作业：____

____

____

____

____。

（2）环保措施

环保措施：____

____

____

____

____

____

____。

评价与分析

根据每个小组成员在本活动学习过程中的表现填写“学习任务过程性考核记录表”（见附录）。

学习活动 4
实施柱钢筋制作与安装方案

学习目标

1. 能正确绘制钢筋大样图，填写钢筋下料表。
2. 能合理选用钢材及钢筋连接方式。
3. 能按照图纸进行钢筋加工。
4. 能按照图纸和规范要求进行钢筋连接和绑扎工作。
5. 能做好成品保护，填写施工日志。
6. 掌握柱钢筋下料方法。
7. 培养团队协作和精益求精的精神。
8. 培养学习能力和动手能力，能快速掌握新技能和新方法。

建议学时

12 学时。

学习过程

一、学习准备

工作页、《混凝土结构施工图平面整体表示方法制图规则和构造详图》（16G101-1）图集、施工图纸、计算机、白板、投影仪、展示台、仿真软件、视频等。

二、引导问题

1. 引导学生以小组为单位，绘制钢筋大样图，填写钢筋下料表。
2. 引导学生以小组为单位，合理选用钢材及钢筋连接方式。
3. 引导学生以小组为单位，完成柱钢筋的加工工作。
4. 引导学生以小组为单位，完成柱钢筋的绑扎工作。
5. 填写施工日志，填写施工现场“7S”点检表。

三、钢筋的下料与加工

1. 钢筋除锈

钢筋的表面应洁净，所以在钢筋下料前必须进行除锈，将钢筋上的油渍、漆污和用锤敲击时能剥落的浮皮、铁锈清除干净。对盘圆钢筋的除锈是在其冷拉调直过程中完成的；对螺纹钢筋的除锈采用自制电动除锈机来完成，并装吸尘罩，以免有损工人的健康和污染环境。

2. 钢筋调直

采用牵动力为 30 kN 的卷扬机，两端设地锚进行冷拉来调直钢筋。根据规范要求：HPB300 级钢筋的冷拉率不宜大于 2%，HRB400 级和 RRB400 级钢筋的冷拉率不宜大于 1%。钢筋经过调直后应顺直，无局部曲折。

3. 钢筋切断

钢筋切断设备主要有钢筋切断机和无齿锯等，可根据钢筋的直径和具体情况进行选用。

（1）切断工艺

将同规格钢筋根据长度进行长短搭配，统筹排料。一般应先断长料，后断短料，以减少短头，减少损耗。断料时应避免用短尺量长料，防止在量料过程中产生累积误差，为此应在工作台上标出尺寸刻度线，并设置控制断料尺寸用的挡板。在切断过程中，如发现钢筋劈裂、缩头或严重的弯头等，必须切除。

（2）质量要求

钢筋的断口不能有马蹄形或起弯现象。

四、确定钢筋连接方式

钢筋有三种常用的连接方法：绑扎连接、机械连接和焊接连接。除个别情况（如不准出现明火）外，钢筋应尽量采用焊接连接，以保证质量、提高效率和节约钢材。钢筋焊接分为压焊和熔焊两种形式。压焊包括闪光对焊、电阻点焊和气压焊，熔焊包括电弧焊和电渣压力焊。此外，钢筋与预埋件 T 形接头的焊接应采用埋弧压力焊等。

电弧焊利用弧焊机在焊条与焊件之间产生高温电弧（焊条与焊件间的空气介质中出现强烈持久的放电现象叫作电弧），使焊条和电弧燃烧范围内的焊件金属熔化，熔化的金属凝固后便形成焊缝或焊接接头。电弧焊应用范围广，如钢筋的接长、钢筋骨架的焊接、钢筋与钢板的焊接、装配式结构接头的焊接及其他各种钢结构的焊接等。

五、随机选取柱配筋图，填写下料单

钢筋下料单见表 2-4-1。

表 2-4-1 钢筋下料单

工程名称：__________ 班组：__________

构件名称	钢筋强度等级	钢筋直径	钢筋简图	下料长度	根数	单根质量	总质量
总长度							
总质量							

评价与分析

根据每个小组成员在本活动学习过程中的表现填写“学习任务过程性考核记录表”（见附录）。

学习活动 5
柱钢筋制作与安装过程控制

学习目标

1. 能找出柱钢筋成品中的错误和不规范处。
2. 能在错误和不规范处进行标记，并列出原因。
3. 能复核并修改错误和不规范处，并填写施工日志。
4. 掌握柱钢筋质量检查的内容和方法。
5. 培养团队协作和精益求精的精神。

建议学时

4 学时。

学习过程

一、确定钢筋验收的主要内容

阅读钢筋质量验收规范，找出柱钢筋验收的主要内容。

1. 钢筋成品的主要检查项目

（1）钢筋的品种和质量。

（2）钢筋的规格、形状、尺寸、数量、间距、锚固长度和接头设置。

（3）钢筋的绑扎及接头处理。

（4）钢筋安装允许偏差和检验方法（见表 2-5-1）。

表 2-5-1　钢筋安装允许偏差和检验方法

序号	项目		允许偏差 /mm		检验方法
			国家标准	世赛标准	
1	绑扎钢筋网	长、宽	± 10	± 1	尺量
		网眼尺寸	± 20	± 1	尺量连续三档，取最大偏差值
2	绑扎钢筋骨架	长	± 10	± 1	尺量
		宽、高	± 5	± 1	尺量
3	纵向受力钢筋	锚固长度	-20	± 1	尺量
		间距	± 10	± 1	尺量两端、中间各一点，取最大偏差值
		排距	± 5	± 1	
4	纵向受力钢筋、箍筋的混凝土保护层厚度	基础	± 10	± 1	尺量
		柱、梁	± 5	± 1	尺量
		板、墙、壳	± 3	± 1	尺量
5	绑扎箍筋、横向钢筋间距		± 20	± 1	尺量连续三档，取最大偏差值
6	钢筋弯起点位置		20	± 1	尺量，沿纵、横两个方向量测，并取其中偏差的较大值
7	预埋件	中心线位置	5	± 1	尺量
		水平高差	+3，0	± 1	尺量

（5）其他。

1）钢筋应 100% 绑扎，不得有缺扣、松扣现象。

2）所有结构钢筋不应点焊。

3）预埋件不要漏放或放置不规范。

2. 钢筋加工质量验收标准

钢筋加工的允许偏差见表 2-5-2。

表 2-5-2　钢筋加工的允许偏差

序号	项目	允许偏差 /mm	
		国家标准	世赛标准
1	受力钢筋沿长度方向的净尺寸	± 10	± 1
2	弯起钢筋的弯折位置	± 20	± 1
3	箍筋外廓尺寸	± 5	± 1

质量要求：钢筋在弯曲成型加工时必须形状正确，平面上无翘曲不平现象。HPB300 级受力钢筋末端应做 180° 弯钩（HPB300 级钢筋末端弯钩要求见表 2-5-3），其圆弧内径不小于钢筋直径的 2.5 倍，弯钩的弯后平直部分长度不小于钢筋直径的 3 倍；设计要求做 135° 弯钩时，HRB400 级和 RRB400 级钢筋（HRB400 级、RRB400 级钢筋末端弯钩要求见表 2-5-4）圆弧内径不小于钢筋直径的 4 倍，弯钩的弯后平直部分长度应符合设计要求。此外，钢筋弯曲点处不能有裂缝，钢筋不能弯过头再弯回来，钢筋弯曲成型后的偏差控制在允许偏差范围内。

表 2-5-3　HPB300 级钢筋末端弯钩要求

<table>
<tr><th>项目</th><th colspan="2">技术要求</th></tr>
<tr><td rowspan="3">钢筋末端弯钩</td><td>纵向受力钢筋</td><td>180°</td></tr>
<tr><td rowspan="2">箍筋、拉筋</td><td>一般结构≮90°</td></tr>
<tr><td>抗震结构≮135°</td></tr>
<tr><td>圆弧弯曲直径</td><td colspan="2">≮2.5d</td></tr>
<tr><td rowspan="3">平直部分长度</td><td>受力钢筋</td><td>≮3d</td></tr>
<tr><td rowspan="2">箍筋、拉筋</td><td>一般结构≮5d</td></tr>
<tr><td>抗震结构≮10d</td></tr>
</table>

注：“*d*”为钢筋直径。箍筋弯折处弯弧内的直径不应小于纵向受力钢筋的直径。

表 2-5-4　HRB400 级、RRB400 级钢筋末端弯钩要求

<table>
<tr><th>项目</th><th colspan="2">技术要求</th></tr>
<tr><td rowspan="3">钢筋末端弯钩</td><td>纵向受力钢筋</td><td>按设计要求</td></tr>
<tr><td rowspan="2">箍筋、拉筋</td><td>一般结构≮90°</td></tr>
<tr><td>抗震结构≮135°</td></tr>
<tr><td>圆弧弯曲直径</td><td colspan="2">≮4d</td></tr>
<tr><td rowspan="3">平直部分长度</td><td>受力钢筋</td><td>按设计要求</td></tr>
<tr><td rowspan="2">箍筋、拉筋</td><td>一般结构≮5d</td></tr>
<tr><td>抗震结构≮10d</td></tr>
</table>

注：“*d*”为钢筋直径。箍筋弯折处弯弧内的直径不应小于纵向受力钢筋的直径。

3. 安全注意事项

（1）塔式起重机运输时一定要服从信号指挥，上料、卸料时要按指挥进行。

（2）焊接必须由持证上岗的焊工进行操作。

（3）在使用电动机械（如无齿锯等）前，应由安全部检查验收合格后方可使用，操作人员必须持证上岗作业，并在机械旁挂牌注明安全操作规定。操作人员要注意安全用电，按操作规程施工。

（4）使用钢筋切断机，只有当机械运转正常时方可断料。切断钢筋时严禁超过机械的负载能力。

（5）使用弯曲机时，调头弯曲，防止碰撞人和物。更换插头、加油和清理时必须停机后进行。

（6）施焊场地周围应清除易燃易爆物品或对其进行覆盖、隔离。

（7）雨天应停止露天焊接作业，做好钢筋材料的防雨隔潮。夜间作业应有足够的照明设备。

（8）钢筋机械必须安放在平整、坚实的场地上，设置机棚和排水沟，以防雨雪。机械必须接地，操作人员必须穿防护衣具，以保证安全。

（9）钢筋加工机械要设专人维护维修，定期检查各种机械的零部件，特别是易损部件，出现磨损的必须及时更换。

（10）钢筋加工机械处必须设置足够的照明，保证操作人员在光线较好的环境下操作。在加工材料时，弯曲机、切断机等严禁一次超量作业。

（11）打磨钢筋的砂轮机在使用前应经安全部门检验合格后方可使用，开机前检查砂轮罩、轮片是否完好，旋转方向是否正确，有裂痕的砂轮严禁使用。操作人员必须站在砂轮片运转方向的旁侧。

二、小组间相互检查

按《混凝土结构施工图平面整体表示方法制图规则和构造详图》（16G101-1）、《混凝土结构工程施工质量验收规范》（GB 50204—2015）、《混凝土结构施工钢筋排布规则与构造详图（现浇混凝土框架、剪力墙、梁、板）》（18G901-1）、《建筑工程施工质量验收统一标准》（GB 50300—2018）要求，以小组为单位，组间相互检查柱钢筋的制作与安装是否满足施工质量要求。

1. 以小组为单位，组间相互检查柱钢筋成品中的错误和不规范处。
2. 在错误和不规范处进行标记，并列出原因。
3. 复核并修改错误和不规范处，并填写施工日志。

评价与分析

根据每个小组成员在本活动学习过程中的表现填写“学习任务过程性考核记录表”（见附录）。

学习活动 6
柱钢筋制作与安装验收总结

学习目标

1. 能反馈施工资料，做好成品保护，最后提交检查。
2. 掌握柱施工资料的管理方法。
3. 培养团队协作和精益求精的精神。

建议学时

2 学时。

学习过程

一、个人、小组评价

以小组为单位，选择演示文稿、展板、海报、视频等形式中的一种或几种，向全班展示梁钢筋制作与安装的作业成果。在展示的过程中，以小组为单位进行评价。评价完成后，各个小组根据其他小组成员对本组展示成果的评价意见进行归纳总结。

二、教师评价

认真听取教师对本小组展示成果优缺点及在完成工作过程中出现的亮点和不足的评价意见，并做好记录。

1. 教师对本小组展示成果优点的点评。

2. 教师对本小组展示成果缺点及改进方法的点评。

3. 教师对本小组在整个任务完成过程中出现的亮点和不足的点评。

三、柱钢筋制作与安装工作过程回顾及总结

1. 总结完成柱钢筋制作与安装施工任务过程中遇到的问题和困难，列举 2 ~ 3 点你认为比较值得分享的工作经验。

2. 回顾完成本学习任务的工作过程，对新学专业知识和技能进行归纳和整理，写一篇不少于 800 字的工作总结。

评价与分析

按照客观、公正和公平原则，在教师的指导下按自我评价、小组评价和教师评价三种方式对自己或他人在本学习任务中的表现进行综合评价。综合等级按 A（90 ~ 100）、B（75 ~ 89）、C（60 ~ 74）、D（0 ~ 59）四个级别填写。学习任务综合评价表见表 2-6-1。

表 2-6-1　学习任务综合评价表

考核项目	评价内容	配分	评价分数		
			自我评价	小组评价	教师评价
职业素养	劳防用品穿戴完备，仪容仪表符合工作要求				
	安全意识、责任意识、服从意识强				
	积极参加教学活动，按时完成各项学习任务				
	团队合作意识强，善于与人交流和沟通				
	自觉遵守劳动纪律，尊敬师长，团结同学				
	爱护公物，节约材料，现场符合“7S”管理标准				
专业能力	专业知识扎实，有较强的自学能力				
	施工操作积极，训练刻苦，具有相应的动手能力				
	施工规范，认真选取原料，注重工艺安全，工作效率高				
工作成果	施工流程符合工艺规范，钢筋满足施工要求				
	工作总结符合要求，钢筋施工质量高				
总分					
总评	自我评价 ×20% + 小组评价 ×20% + 教师评价 ×60% =	综合等级		教师（签字）:	

学习任务三
梁钢筋制作与安装

学习目标

1. 能画出“学习任务描述”中的关键词，明确任务要求。
2. 能识读梁平法施工图。
3. 能制作一份钢筋下料表空表。
4. 检查现场机具准备、材料准备是否满足规范要求，填写施工现场“7S”点检表、施工机具表及施工日志。
5. 能绘制梁钢筋制作工艺流程图。
6. 能绘制梁钢筋安装工艺流程图。
7. 能正确绘制钢筋大样图，填写钢筋下料表。
8. 能合理选用钢材及钢筋连接方式。
9. 能按照图纸进行钢筋加工。
10. 能按照图纸和规范要求进行钢筋连接和绑扎工作。
11. 能做好成品保护，填写施工日志。
12. 能找出梁钢筋成品中的错误和不规范处。
13. 能在梁钢筋成品的错误或者不规范处进行标记，并列出原因。
14. 能复核并修改错误和不规范处，填写施工日志。
15. 能反馈施工资料，并提交检查。

建议学时

32 学时。

工作流程与活动

学习活动 1　获取梁钢筋制作与安装信息（2 学时）

学习活动 2　制定梁钢筋制作与安装方案（6 学时）

学习活动 3　审定梁钢筋制作与安装方案（4 学时）

学习活动 4　实施梁钢筋制作与安装方案（14 学时）

学习活动 5　梁钢筋制作与安装过程控制（4 学时）

学习活动 6　梁钢筋制作与安装验收总结（2 学时）

工作情景描述

某样板房项目将进行梁钢筋施工，现需要钢筋工根据样板房梁平法施工图进行梁钢筋制作与安装。

为保证梁钢筋制作与安装顺利完成，项目部要求施工员小王带领钢筋施工班组成员按照梁平法施工图和梁钢筋工程施工方案，严格控制梁钢筋加工与绑扎的施工工艺（钢筋下料、加工、绑扎）和施工质量（钢筋成型尺寸、钢筋间距及相关构造措施等），并责成质量部门在施工过程中跟踪监督，加强管理；项目部要求钢筋工小王根据《混凝土结构工程施工质量验收规范》（GB 50204—2015）、《世界技能标准规范》（WSSS）等相关测评标准，按“7S”管理标准管理施工现场，并进行自检和互检，形成记录，最后向工程项目部反馈并存档。假如你是施工员小王，其余小组成员是钢筋班组成员，你应该如何做呢？

学习活动 1 获取梁钢筋制作与安装信息

学习目标

1. 巩固梁结构施工详图平法识图和梁钢筋构造，掌握梁钢筋加工与安装施工流程。
2. 掌握梁的基本概念、类型及受力特点。
3. 培养团队协作和精益求精的精神。

建议学时

2 学时。

学习过程

一、认知梁钢筋制作与安装

作为一名建筑施工专业的学生，你在日常生活中见到过哪些类型的梁结构？请在教师的带领下，走进建筑实体模型室和 VR 实训室，认识不同的梁钢筋类型。同时，请查阅梁钢筋制作与安装的相关资料，在表 3-1-1 中写出几种常见的梁钢筋的定义、主要特点及应用范围。

表 3-1-1　梁钢筋分类表

梁钢筋类型	定义和主要特点	应用范围
纵向受力钢筋		
弯起钢筋		
架立钢筋		
梁侧构造筋		
箍筋		

二、梁钢筋平法识图

1. 阅读图 3-1-1 所示某梁施工图，找出 KL1 和 KL4，分组完成表 3-1-2 和表 3-1-3。

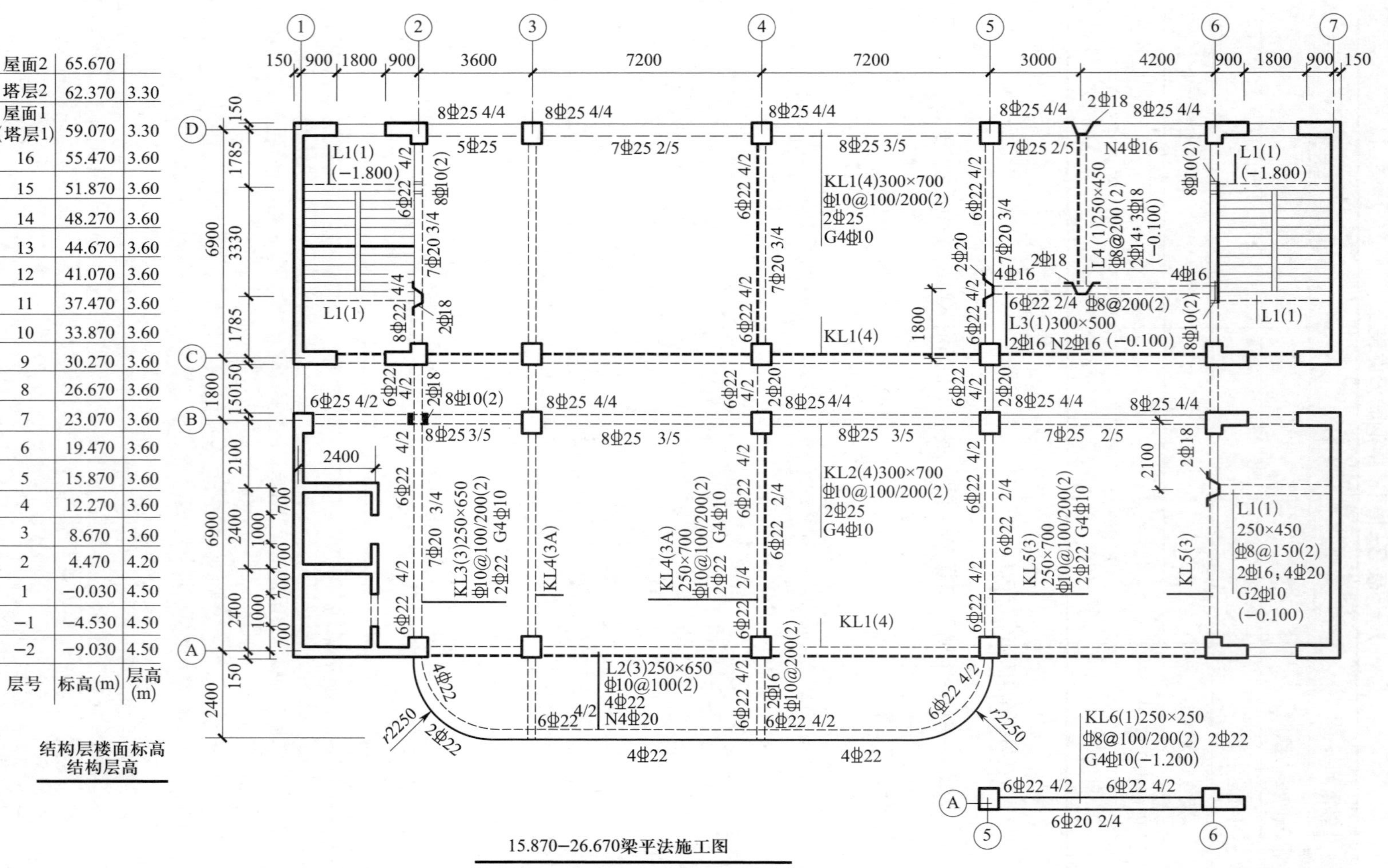

层号	标高(m)	层高(m)
屋面2	65.670	
塔层2	62.370	3.30
屋面1(塔层1)	59.070	3.30
16	55.470	3.60
15	51.870	3.60
14	48.270	3.60
13	44.670	3.60
12	41.070	3.60
11	37.470	3.60
10	33.870	3.60
9	30.270	3.60
8	26.670	3.60
7	23.070	3.60
6	19.470	3.60
5	15.870	3.60
4	12.270	3.60
3	8.670	3.60
2	4.470	4.20
1	−0.030	4.50
−1	−4.530	4.50
−2	−9.030	4.50

结构层楼面标高
结构层高

15.870−26.670梁平法施工图

图 3-1-1　条形基础梁平法施工图

表 3-1-2　KL1 构配件钢筋信息表

梁名称		梁宽	梁高	跨数	
钢筋名称	钢筋编号	简图		型号	直径 /mm

表 3-1-3　KL4 构配件钢筋信息表

梁名称		梁宽	梁高	跨数	
钢筋名称	钢筋编号	简图		型号	直径 /mm

2. 通过电子设备观看梁钢筋模内绑扎和模外绑扎过程，观看结束后，教师引导学生完成表 3-1-4 和表 3-1-5。

表 3-1-4　梁钢筋模内绑扎工艺流程

	主要内容	注意事项
梁钢筋模内绑扎	画箍筋间距	

表 3-1-5　梁钢筋模外绑扎工艺流程

	主要内容	注意事项
梁钢筋模外绑扎	画箍筋间距	

三、贯彻生产现场“7S”管理标准

“7S”管理是现代企业行之有效的现场管理理念和方法，它能提高工作效率、保证产品质量，使工作环境整洁有序，且以预防为主，保证安全。查阅相关资料，说明梁钢筋施工现场“7S”管理相应的工作范畴，并填写在表 3-1-6 中。

表 3-1-6　梁钢筋施工现场“7S”管理工作范畴

内容	含义与目的	梁钢筋施工工作范畴
整理 （SEIRI）	将工作场所的任何物品区分为有必要的和没有必要的，除了有必要的留下来，其他的都消除掉 腾出空间，空间活用，防止误用，塑造清爽的工作场所	
整顿 （SEITON）	把留下来的必要用品摆放在规定位置，放置整齐并加以标识 工作场所一目了然，节省寻找物品的时间，营造整整齐齐的工作环境，消除过多的积压物品	
清扫 （SEISO）	将工作场所内看得见和看不见的地方清扫干净，保持工作场所整洁 稳定品质，减少工业伤害	

续表

内容	含义与目的	梁钢筋施工工作范畴
清洁 (SEIKETSU)	将整理、整顿、清扫进行到底并制度化，保持环境的外在美观 创造明朗现场，维持以上“3S”成果	
素养 (SHITSUKE)	每一位成员养成良好的习惯，并遵守规则，培养积极主动的精神（也称习惯性） 培养有好习惯、遵守规则的员工，培养团队精神	
安全 (SECURITY)	重视安全教育，要求员工每时每刻都有“安全第一”的意识，防患于未然 建立安全的生产环境，所有的工作应建立在安全的前提下	
节约 (SAVING)	对时间、空间、能源等合理利用，发挥最大效能 创造高效、物尽其用的工作场所	

评价与分析

根据每个小组成员在本活动学习过程中的表现填写“学习任务过程性考核记录表”（见附录）。

学习活动 2
制定梁钢筋制作与安装方案

学习目标

1. 掌握简单的分部分项工程施工方案编制方法。
2. 能根据梁钢筋施工图进行钢筋电子图翻样，并填写下料单。
3. 能正确合理使用安全帽、安全鞋及劳防服饰。
4. 培养团队协作和精益求精的精神。

建议学时

6 学时。

学习过程

一、编制梁钢筋施工方案

各个小组根据施工方案大纲完成简单梁钢筋施工方案，任务认领单见表 3-2-1。

表 3-2-1　任务认领单

班级：__________　小组：__________　指导教师：__________　工作任务：__________

姓名	任务描述	开始时间	结束时间	备注

续表

姓名	任务描述	开始时间	结束时间	备注

1. 编制说明

（1）编制目的、适用范围

编制目的：____

____。

适用范围：____

____。

（2）编制依据

编制依据为某校建筑模型室梁结构施工图纸、规范标准及施工现场的实际情况。

1）施工图纸（见表 3-2-2）。

表 3-2-2　施工图纸

序号	图纸名称及设计编号	图纸目录	设计单位
1	某校建筑模型室梁施工图	1	—

2）主要规范、规程（见表 3-2-3）。

表 3-2-3　主要规范、规程

序号	规范、规程名称	规范、规程编号
1	混凝土结构工程施工质量验收规范	GB 50204—2015
2	建筑地基基础工程施工质量验收规范	GB 50202—2018
3	建筑工程施工质量验收统一标准	GB 50300—2013
4	混凝土质量控制标准	GB 50164—2011
5	混凝土结构施工图平面整体表示方法制图规则和构造详图	16G101-1、16G101-2、16G101-3
6	建筑物抗震构造详图	20G329-1
7	建筑工程资料管理规程	JGJ/T 185—2009

3）有关法规（见表 3-2-4）。

表 3-2-4　有关法规

序号	类别	名称	编号
1	国家	中华人民共和国建筑法	—
2		中华人民共和国劳动法	—
3		建设工程质量管理条例	—
4	行业	建设工程施工现场管理规定	建设部令第 15 号

2. 工程概况

（1）基本概况

基本概况：____

____

____。

（2）设计概况（见表 3-2-5）

表 3-2-5　设计概况

<table>
<tr><td rowspan="4">1</td><td rowspan="4">建筑面积</td><td>总建筑面积</td><td>万 m²</td><td colspan="2">地下面积</td><td>万 m²</td></tr>
<tr><td>占地面积</td><td>万 m²</td><td colspan="2">地上面积</td><td>万 m²</td></tr>
<tr><td rowspan="2">地下</td><td rowspan="2">层</td><td rowspan="2">地上</td><td>Ⅱ区</td><td>层</td></tr>
<tr><td>Ⅲ区</td><td>层</td></tr>
<tr><td>2</td><td>层高 /m</td><td colspan="5"></td></tr>
<tr><td rowspan="2">3</td><td rowspan="2">结构概况</td><td>基础形式</td><td colspan="4"></td></tr>
<tr><td>结构形式</td><td colspan="4"></td></tr>
<tr><td rowspan="3">4</td><td rowspan="3">结构断面尺寸 /mm</td><td>基础底板厚度</td><td colspan="4"></td></tr>
<tr><td>剪力墙厚度</td><td colspan="4"></td></tr>
<tr><td>楼板厚度</td><td colspan="4"></td></tr>
<tr><td>5</td><td>抗震等级</td><td colspan="5"></td></tr>
<tr><td>6</td><td>钢筋类别</td><td colspan="5"></td></tr>
<tr><td>7</td><td>钢筋直径 /mm</td><td colspan="5"></td></tr>
<tr><td>8</td><td>钢筋接头形式</td><td colspan="5"></td></tr>
</table>

（3）现场概况

现场概况：____

____

____。

（4）工程难点

工程难点：____

____

____。

3. 施工准备

（1）技术准备

技术准备：____

____

____

____

____

____

____

____。

（2）机具准备（见表 3-2-6）

表 3-2-6　钢筋机具准备一览表

序号	机械设备名称	型号	数量	功率
1				
2				
3				
4				
5				
6				

（3）人员准备（见表 3-2-7）

表 3-2-7　人员准备

<table>
<tr><th>序号</th><th>工位号</th><th>人员分工</th><th>人数</th><th>备注</th></tr>
<tr><td>1</td><td rowspan="6"></td><td></td><td></td><td rowspan="6">根据工程施工进度和实际情况，各工种人数会有所变化</td></tr>
<tr><td>2</td><td></td><td></td></tr>
<tr><td>3</td><td></td><td></td></tr>
<tr><td>4</td><td></td><td></td></tr>
<tr><td>5</td><td></td><td></td></tr>
<tr><td>6</td><td></td><td></td></tr>
</table>

（4）材料准备

1）钢筋场地准备。由于施工场地狭小，钢筋场地准备的具体要求如下：钢筋场地要分为钢筋原材堆放区、钢筋半成品堆放区和钢筋加工区，钢筋进临时加工场均按规定位置放在指定场区内。

2）场地平面布置图（见图 3-2-1）

图 3-2-1　场地平面布置图

3）堆放要求

①原材。进场钢筋原材按未检验钢筋、检验合格钢筋、检验不合格钢筋分别堆放；不得直接堆放在地面，应用 100 mm × 100 mm 方木垫块架空堆放，以免钢筋

被水浸泡而生锈；挂标识牌，标识牌规格尺寸为 297 mm×210 mm。请自行设计材料标识牌 1（见图 3-2-2）。

图 3-2-2　材料标识牌 1

②成品和半成品。已加工好的钢筋按绑扎顺序分类、分区码放整齐，成行成列。成品和半成品存放场地挂标识牌，标识牌要标明钢筋规格、钢筋编号、使用部位及数量。请自行设计材料标识牌 2（见图 3-2-3）。

图 3-2-3　材料标识牌 2

（5）材料要求

1）钢筋。检查钢筋出厂合格证、质量证明文件及备案，按规定进行见证取样复试，经检验合格后方可使用。进场钢筋的生产厂家、规格、型号、数量应与出厂合格证或试验报告中所标明的相符，指标符合有关标准和规范。钢筋的外观应平直、无损伤，表面不得有裂纹、油污、颗粒状或片状老锈。

纵向受力钢筋的抗拉强度实测值与屈服强度实测值的比值不小于 1.25。钢筋的屈服强度实测值与强度标准值的比值不大于 1.30，其目的是保证在地震作用下某些结构部位出现塑性铰以后钢筋还具有足够的变形能力。

2）铁丝。钢筋绑扎用的铁丝可采用 20 ~ 22 号铁丝（火烧丝）或镀锌铁丝，其中 22 号铁丝只用于绑扎直径 12 mm 以下的钢筋。钢筋绑扎铁丝长度见表 3-2-8。

表 3-2-8　钢筋绑扎铁丝长度

钢筋直径 /mm	铁丝长度 /mm							
	6 号 ~ 8 号	10 号 ~ 12 号	14 号 ~ 16 号	18 号 ~ 20 号	22 号	25 号	28 号	32 号
6 ~ 8	150	170	190	220	250	270	290	320
10 ~ 12	—	190	220	250	270	290	310	340
14 ~ 16	—	—	250	270	290	310	330	360
18 ~ 20	—	—	—	290	310	330	350	380
22	—	—	—	—	330	350	370	400

4. 主要施工方法

（1）梁钢筋加工

钢筋加工采用工位内加工，同时工位内堆放钢筋成品和半成品。

（2）梁钢筋加工要求

梁钢筋加工要求:______________________________

____

____

____

____

____

____

____

____
____
____
____
____
____
____
____。

钢筋加工的形状、尺寸应符合设计要求，其偏差应符合表 3-2-9。

表 3-2-9　钢筋加工的允许偏差

序号	项目	允许偏差 /mm	
		国家标准	世赛标准
1	受力钢筋沿长度方向的净尺寸	± 10	± 1
2	弯起钢筋的弯折位置	± 20	± 1
3	箍筋外廓尺寸	± 5	± 1

（3）钢筋半成品堆放

钢筋半成品按规格码放，挂好标识牌，以免混淆。每一种加工完成的钢筋上不得少于两个标识牌，标识牌的材料为塑料胸卡材质，标识牌的表格采用机器打印、手工填写，标识牌可重复使用。请自行设计材料标识牌 3（见图 3-2-4）。

图 3-2-4　材料标识牌 3

每一批原材钢筋存放支架上设木标识牌，木标识牌上用图钉固定塑料夹，便于随时更换。标识卡采用塑料板，塑料板可重复使用。请自行设计材料标识牌 4（见图 3–2–5）。

图 3–2–5　材料标识牌 4

（4）钢筋抽样

钢筋抽样由专业人员进行。抽样前仔细阅读有关图纸、设计变更、洽商及相关规范、规程、标准、图集，熟悉钢筋构造要求，读懂图纸中的各个细部，并以此画出结构配筋详图。

钢筋抽样中结合现场实际情况，考虑搭接、锚固等规范要求，进行放样下料。下料时必须兼顾钢筋长短搭配，最大限度地节约钢筋。

料单在该批钢筋加工使用前 7 天编制完毕，并经有关工程师审批后，方可下料加工。

下料前应依据料单查看现场钢筋的规格、用量情况，以及原材料复试是否合格、原材料各种规格是否齐全。如需钢筋代换，应与技术部会同设计人员协商，办理设计变更文件，方可进行钢筋代换施工。

（5）钢筋除锈的方法和设备

钢筋除锈的方法和设备：____

____

____

____

____

____。

（6）钢筋加工工具和设备

1）钢筋调直的方法和设备：直径 12 mm 以下的盘条采用钢筋调直机进行调直，同时可以根据需要切断。

2）钢筋切断的方法和设备：____

____。

3）钢筋弯曲成型的方法和设备：______________________________________

____。

（7）钢筋连接

钢筋连接方式：____

____。

1）一般要求：____

____。

2）梁钢筋的搭接要求：____

____

____

____。

（8）钢筋绑扎

梁钢筋绑扎：____________________________________

____

____

____

____

____

____。

5. 质量要求

（1）允许偏差和检验方法（见表 3-2-10）

表 3-2-10　钢筋安装允许偏差和检验方法

序号	项目		允许偏差 /mm		检验方法
			国家标准	世赛标准	
1	绑扎钢筋网	长、宽	± 10	± 1	尺量
		网眼尺寸	± 20	± 1	尺量连续三档，取最大偏差值
2	绑扎钢筋骨架	长	± 10	± 1	尺量
		宽、高	± 5	± 1	尺量
3	纵向受力钢筋	锚固长度	-20	± 1	尺量
		间距	± 10	± 1	尺量两端、中间各一点，取最大偏差值
		排距	± 5	± 1	
4	纵向受力钢筋、箍筋的混凝土保护层厚度	基础	± 10	± 1	尺量
		柱、梁	± 5	± 1	尺量
		板、墙、壳	± 3	± 1	尺量
5	绑扎箍筋、横向钢筋间距		± 20	± 1	尺量连续三档，取最大偏差值
6	钢筋弯起点位置		20	± 1	尺量，沿纵、横两个方向量测，并取其中偏差的较大值
7	预埋件	中心线位置	5	± 1	尺量
		水平高差	+3，0	± 1	尺量

（2）验收方法

1）主控项目：____

____

____

____

____。

2）一般项目：____

____

____

____

____

____。

（3）应注意的问题

应注意的问题：____

____

____

____

____。

（4）成品保护措施

成品保护措施：____

____

____

____

____

____

____。

6. 安全文明施工措施及环保措施

（1）安全文明施工措施

1）文明施工措施：____

____

____

____

____。

2）钢筋工作业措施：______________________________________

____

____

____

____。

（2）环保措施

环保措施：____

____

____

____

____。

二、钢筋翻样，填写下料单

详细阅读图 3-1-1 并结合结构图集（16G101-1）进行 KL1 电子钢筋翻样，最后填写表 3-2-11。

表 3-2-11　钢筋下料单

工程名称：__________　　班组：__________

构件名称	钢筋强度等级	钢筋直径	钢筋简图	下料长度	根数	单根质量	总质量
总长度							
总质量							

三、完成施工安全培训测试

在教师组织下，由世赛项目选手演示如何正确穿戴劳防用品，通过视频进行安全教育培训。本环节每位小组成员必须独立完成劳防用品使用安全培训测试题。

劳防用品使用安全培训测试

姓名：__________　　班组：__________　　成绩：__________

一、选择题

1. 正确佩戴安全帽有两个要点：一是安全帽的帽衬与帽壳之间应有一定的间隙，二是（　　）。

A. 必须系紧下颌带　　B. 必须时刻佩戴　　C. 必须涂上黄色

2. 操作机械时，工人要穿"三紧"式工作服。"三紧"是指（　　）紧、领口紧和下摆紧。

A. 袖口　　B. 裤口　　C. 裤腿

3. 下列说法正确的是（　　）。

A. 操作旋转机设备的人员必须戴手套

B. 操作旋转机设备的人员应穿"三紧"工作服

C. 操作旋转机设备的女工其发辫可以披在肩上

4. 高空作业的"三宝"是指（　　）。

A. 安全帽、安全网、安全带

B. 安全帽、手套、安全网

C. 工作服、手套、安全帽

5. 遇有电气设备着火时，应（　　）。

A. 立即将有关设备的电源切断，然后进行救火

B. 直接救火

C. 立即离开

6. 防止毒物危害的最佳方法是（　　）。

A. 穿工作服

B. 佩戴呼吸器具

C. 使用无毒或低毒的代替品

7. 机械在运转状态下，操作人员（　　）。

A. 可以对机械进行加油、清扫

B. 可以与旁人聊天

C. 严禁拆除安全装置

8. 使用叉车时，如有大型货物挡住驾驶员视线，驾驶员应（　　）。

A. 倒车行驶　　B. 正常行驶　　C. 停止行驶

9. 工人操作机械时，要求穿着紧身适合的工作服，以防（　　）。

A. 着凉

B. 衣服被机器转动部分缠绕

C. 衣服被机器弄污

二、判断题

1. 劳防用品必须严格保证质量、安全可靠，但可以不用舒适和方便。（　　）

2. 受过一次强冲击的安全帽应及时报废，不能继续使用。（　　）

3. 劳防用品不同于一般的商品，直接涉及劳动者的生命安全和身体健康，故要求其必须符合国家标准。（　　）

4. 运转中的机械设备对人的伤害主要有撞伤、压伤、轧伤、卷缠等。（　　）

5. 把作业场所和工作岗位存在的危险因素如实告知从业人员，会有负面影响，容易引起恐慌，增加思想负担，不利于安全生产。（　　）

四、完成施工进度计划表——横道图

根据本任务要求，采用横道图方式编制施工进度计划表（见表 3-2-12）。

表 3-2-12　施工进度计划表

评价与分析

根据每个小组成员在本活动学习过程中的表现填写“学习任务过程性考核记录表”（见附录）。

学习活动 3
审定梁钢筋制作与安装方案

学习目标

1. 能审定梁钢筋施工方案。
2. 能审定梁钢筋电子图翻样和钢筋下料单。
3. 能正确穿戴安全帽、安全鞋及劳防服饰。
4. 能审定施工进度计划表。
5. 培养发现问题和解决问题的能力。
6. 培养团队协作和精益求精的精神。

建议学时

4 学时。

学习过程

一、讨论评价梁钢筋施工方案

每个小组选派代表讲解施工方案的要点和元素，展示施工方案，由指导教师组织各个小组打分（评分标准见表 3-3-1），并评论该方案的合理性和准确性，然后提出整改意见，课后统一整改，各个小组分别填写整改记录单（见表 3-3-2）。

表 3-3-1　施工方案评分表

施工方案名称				
	评分项	标准分值	实际分值	扣分原因
编制说明 （分值：10 分）	1. 编制目的、适用范围	5		
	2. 编制依据：相关图纸及主要规范、规程、法律法规	5		
工程概况 （分值：15 分）	1. 基本概况	4		
	2. 设计概况	3		
	3. 现场概况	3		
	4. 工程难点	5		
施工准备 （分值：15 分）	1. 技术准备	3		
	2. 机具准备	3		
	3. 人员准备	3		
	4. 材料准备：钢筋场地准备、场地平面布置图、堆放要求	3		
	5. 材料要求：钢筋、钢丝	3		
主要施工方法 （分值：30 分）	1. 钢筋加工	4		
	2. 钢筋加工要求	4		
	3. 钢筋半成品堆放	3		
	4. 钢筋抽样	3		
	5. 钢筋除锈的方法和设备	5		
	6. 钢筋加工工具和设备：调直、切断、弯曲成型	3		
	7. 钢筋连接：一般要求、钢筋的搭接	3		
	8. 钢筋绑扎	5		
质量要求 （分值：20 分）	1. 允许偏差和检验方法	5		
	2. 验收方法：主控项目、一般项目	5		
	3. 应注意的问题	5		
	4. 成品保护措施	5		
安全文明施工要求及环保要求 （分值：10 分）	1. 安全文明施工措施	5		
	2. 环保措施	5		

班组长签字：　　　　　　　　　　　　　　　　　　　　指导教师签字：

表 3-3-2 整改记录单

工程名称		项目经理（指导教师）	
检查日期		班组	
检查项目		检查形式	
整改内容： 项目经理（签字）： 年 月 日			
整改措施： 整改负责人（签字）： 年 月 日			
整改结果： 整改验收人（签字）： 年 月 日			
注：			

项目经理（指导教师）签字：__________ 班组长签字：__________

二、确定梁钢筋下料长度

1. 由于钢筋下料长度的计算方法多样，因此教师首先组织各个小组讨论计算方法，各个小组派小组成员讲解计算方法，以及各类钢筋的下料长度，然后讨论确定统一的计算方法，最后各个小组再重新计算钢筋下料长度并填写表 3-3-3。

表 3-3-3　第二轮钢筋下料单

工程名称：__________　　班组：__________

构件名称	钢筋强度等级	钢筋直径	钢筋简图	下料长度	根数	单根质量	总质量
总长度							
总质量							

2. 由世赛选手演示，采用手动钢筋弯曲机确定钢筋实际的下料长度，并回答下列问题，完成表 3-3-4。

（1）影响钢筋实际下料长度的因素有哪些？并分析这些影响因素对最终钢筋下料的影响程度。

____

____

____

____

____

（2）实际下料长度与理论下料长度的关系是什么？

____

____

____

____

（3）确定实际下料长度的计算方式有哪些？说明如何控制钢筋的实际下料长度。

____

表 3-3-4　钢筋实际下料单

工程名称：__________　　　　班组：__________

构件名称	钢筋强度等级	钢筋直径	钢筋简图	实际下料长度	根数	单根质量	总质量
总长度							
总质量							

三、确定个人劳防用品使用情况

1. 教师与学生讨论劳防用品使用安全培训测试题的正确答案，然后由各组长为组员的答题结果打分并评论各组员劳防用品是否已经正确佩戴或使用。

2. 由每个小组选派一名代表进行劳防用品的穿戴演示，教师结合世赛对劳防用品的使用要求对每个小组进行评价并填写表 3-3-5，各个小组根据整改意见进行统一整改。

表 3-3-5　劳防用品评分表

班组：__________　　　　指导教师：__________

项目	评分		得分	整改意见
试题	< 60 分	0		
	60 ~ 69 分	1		
	70 ~ 79 分	2		
	80 ~ 89 分	3		
	90 ~ 100 分	4		

续表

项目	评分		得分	整改意见
安全帽	合格	1		
	不合格	0		
安全鞋	合格	1		
	不合格	0		
安全服饰	合格	1		
	不合格	0		
手套	合格	1		
	不合格	0		
护目镜	合格	1		
	不合格	0		
口罩	合格	1		
	不合格	0		

四、确认施工进度计划表

指导教师组织各个小组讨论施工进度计划表的合理性，各个小组根据讨论结果填写最终确认的施工进度计划表（见表 3-3-6）。

表 3-3-6　施工进度计划表

五、签署确认单，集体进行备工、备料

每个小组选派一名学生作为监督检查人员，教师组织学生对各个小组的下料单、施工方案、工具、材料及工位（梁模板支模情况）进行最终确认，确认后由各个班

组长签字确认，形成表 3-3-7。

表 3-3-7　确认单

班组：__________　　　　指导教师：__________

项目	序号	规格型号	备注	签字确认
下料单	1			
施工方案	1			
工具	1			
	2			
	3			
	4			
	5			
	6			
	7			
	8			
	9			
	10			
材料	1			
	2			
	3			
	4			
	5			
	6			
	7			
	8			
	9			
	10			
工位	1			

评价与分析

根据每个小组成员在本活动学习过程中的表现填写“学习任务过程性考核记录表”（见附录）。

学习活动 4
实施梁钢筋制作与安装方案

学习目标

1. 能根据梁钢筋制作与安装要求，进行现场安全、技术交底工作。
2. 能根据梁结构施工详图、混凝土结构图集和施工进度计划表进行梁钢筋施工。
3. 培养团队协作和精益求精的精神。
4. 培养学习能力和动手能力，能快速掌握新技能和新方法。

建议学时

14 学时。

学习过程

一、技术交底

根据梁钢筋加工和安装要求，进行现场安全、技术交底工作，并形成表 3-4-1 “技术交底记录表”。

表 3-4-1 技术交底记录表

技术交底记录		编号	
工程名称		交底日期	
施工班组		分项工程名称	梁钢筋工程
交底提要	梁钢筋制作与安装		

交底内容：

1. 梁钢筋绑扎过程

2. 钢筋安装的质量要求（国家标准）：

3. 钢筋安装的质量要求（世赛标准）：

钢筋安装允许偏差和检验方法：

钢筋安装允许偏差和检验方法

序号	项目		允许偏差 /mm		检验方法
			国家标准	世赛标准	
1	绑扎钢筋网	长、宽	± 10	± 1	尺量
		网眼尺寸	± 20	± 1	尺量连续三档，取最大偏差值
2	绑扎钢筋骨架	长	± 10	± 1	尺量
		宽、高	± 5	± 1	尺量
3	纵向受力钢筋	锚固长度	−20	± 1	尺量
		间距	± 10	± 1	尺量两端、中间各一点，取最大偏差值
		排距	± 5	± 1	
4	纵向受力钢筋、箍筋的混凝土保护层厚度	基础	± 10	± 1	尺量
		柱、梁	± 5	± 1	尺量
		板、墙、壳	± 3	± 1	尺量
5	绑扎箍筋、横向钢筋间距		± 20	± 1	尺量连续三档，取最大偏差值
6	钢筋弯起点位置		20	± 1	尺量，沿纵、横两个方向量测，并取其中偏差的较大值
7	预埋件	中心线位置	5	± 1	尺量
		水平高差	+3，0	± 1	尺量

审核人		交底人		接交人	

注：1. 本表由施工单位填写，交底单位与接受交底单位各存一份。

2. 做分项工程施工技术交底时应填写“分项工程名称”栏，其他技术交底可不填写。

二、梁钢筋施工

1. 施工准备

（1）劳防用品穿戴就位。

（2）工具、材料发放。

（3）施工图纸准备。

施工过程：每个小组由一位世赛项目选手辅助进行钢筋下料制作和安装，教师引导学生完成整个工作任务。

2. 梁钢筋下料

总结梁钢筋下料步骤、下料技巧及下料过程中应该注意的问题，完成表 3-4-2。

表 3-4-2　梁钢筋下料步骤、下料技巧及下料过程中应该注意的问题

事项	序号及说明	附照片
下料步骤	1.	
	2.	
	3.	
	4.	
	5.	

续表

事项	序号及说明	附照片
下料技巧	1.	
	2.	
	3.	
	4.	
	5.	
下料过程中应该注意的问题	1.	
	2.	
	3.	
	4.	
	5.	

3. 梁钢筋加工

总结梁钢筋加工步骤、加工技巧及加工过程中应该注意的问题，完成表 3-4-3。

表 3-4-3 梁钢筋加工步骤、加工技巧及加工过程中应该注意的问题

事项	序号及说明	附照片
加工步骤	1.	
	2.	
	3.	
	4.	
	5.	
加工技巧	1.	
	2.	
	3.	
	4.	
	5.	

续表

事项	序号及说明	附照片
加工过程中应该注意的问题	1.	
	2.	
	3.	
	4.	
	5.	

4. 梁钢筋放样

（1）绘制梁钢筋放样施工图（见图 3-4-1），在图中明确放样的先后顺序。

图 3-4-1　梁钢筋放样施工图

（2）总结梁钢筋放样步骤、放样技巧及放样过程中应该注意的问题，完成表 3-4-4。

表 3-4-4　梁钢筋放样步骤、放样技巧及放样过程中应该注意的问题

事项	序号及说明	附照片
放样步骤	1.	
	2.	
	3.	
	4.	
	5.	
放样技巧	1.	
	2.	
	3.	
	4.	
	5.	

续表

<table>
<tr><th>事项</th><th>序号及说明</th><th>附照片</th></tr>
<tr><td rowspan="5">放样过程中应该注意的问题</td><td>1.</td><td></td></tr>
<tr><td>2.</td><td></td></tr>
<tr><td>3.</td><td></td></tr>
<tr><td>4.</td><td></td></tr>
<tr><td>5.</td><td></td></tr>
</table>

5. 梁钢筋绑扎

总结梁钢筋绑扎步骤、绑扎技巧及绑扎过程中应该注意的问题，完成表 3-4-5。

表 3-4-5　梁钢筋绑扎步骤、绑扎技巧及绑扎过程中应该注意的问题

<table>
<tr><th>事项</th><th>序号及说明</th><th>附照片</th></tr>
<tr><td rowspan="5">绑扎步骤</td><td>1.</td><td></td></tr>
<tr><td>2.</td><td></td></tr>
<tr><td>3.</td><td></td></tr>
<tr><td>4.</td><td></td></tr>
<tr><td>5.</td><td></td></tr>
</table>

续表

事项	序号及说明	附照片
绑扎技巧	1.	
	2.	
	3.	
	4.	
	5.	
绑扎过程中应该注意的问题	1.	
	2.	
	3.	
	4.	
	5.	

6. 工完场清

各个小组完成当天任务后，按照场地平面布置图将材料和工具归类整理，工位卫生、垃圾清理完成后将垃圾或废料放到指定地点，经各个班组长确认后方可离开工位。

梁钢筋制作与安装工完场清过程中需要注意哪些问题？

____

____

____

____

____

____

评价与分析

根据每个小组成员在本活动学习过程中的表现填写“学习任务过程性考核记录表”（见附录）。

学习活动 5
梁钢筋制作与安装过程控制

学习目标

1. 掌握国家标准和世赛标准的评分规则和测量方法。
2. 能对照评分表分析误差产生的原因，并能调整参数。
3. 培养团队协作和精益求精的精神。

建议学时

4 学时。

学习过程

一、测评

测评共分为模块 A、模块 B、模块 C 和模块 D 四个模块。

1. 在整个施工过程中，每个小组选派一名代表作为巡查员，教师组织巡查员按照世赛要求对各个小组的工作组织与沟通能力进行评价，具体评分标准见表 3-5-1 中的模块 A。

2. 梁钢筋下料结束后，教师组织巡查员对各个工位的钢筋下料长度进行测评，具体评分标准见表 3-5-1 中的模块 B。

3. 梁钢筋下料加工结束后，教师组织巡查员对各个工位的钢筋加工后长度进行测评，具体评分标准见表 3-5-1 中的模块 C。

4. 梁钢筋绑扎结束后，教师组织巡查员对各个工位的钢筋成型尺寸进行测评，具体评分标准见表 3-5-1 中的模块 D。

表 3-5-1　评分标准

评分标准		评分子标准			评分特征		评分类型 M= 测量 J= 评价	最大分值
模块	名称	编号	评分日	描述	编号	描述		
A	工作组织与沟通能力	A1	第一天	工作组织	A1.01	正确佩戴安全帽，安全鞋、手套正确使用	M	2.00
					A1.02	工完料清，工作结束后清理工作区，无废料和垃圾堆放	J	2.00
		A2	第一天	沟通能力	A2.01	不大声喧哗，不混乱	J	2.00
					A2.02	对队友信任，积极沟通	J	1.50
		A3	第二天	工作组织	A3.01	正确佩戴安全帽，安全鞋、手套正确使用	M	2.00
					A3.02	工完料清，工作结束后清理工作区，无废料和垃圾堆放	J	2.00
		A4	第二天	沟通能力	A4.01	不大声喧哗，不混乱	J	2.00
					A4.02	对队友信任，积极沟通	J	1.50
B	识图与钢筋配料	B1	第一天	下料计算	B1.01	上部纵筋	M	2.00
					B1.02	下部纵筋	M	2.00
					B1.03	侧面纵筋	M	2.00
					B1.04	箍筋	M	2.00
		B2	第一天	下料	B2.01	上部纵筋长度 1	M	1.00
					B2.02	上部纵筋长度 2	M	1.00
					B2.03	支座上部纵筋长度 1	M	1.00
					B2.04	支座上部纵筋长度 2	M	1.00
					B2.05	架立筋长度 1	M	1.00
					B2.06	架立筋长度 2	M	1.00
					B2.07	下部纵筋长度 1	M	1.00
					B2.08	下部纵筋长度 2	M	1.00
					B2.09	侧面纵筋长度 1	M	1.00
					B2.10	侧面纵筋长度 2	M	1.00
					B2.11	箍筋长度 1	M	1.00
					B2.12	箍筋长度 2	M	1.00

续表

评分标准		评分子标准			评分特征		评分类型 M= 测量 J= 评价	最大分值
模块	名称	编号	评分日	描述	编号	描述		
C	钢筋加工	C1	第一天	钢筋加工尺寸	C1.01	上部纵筋成型尺寸 1	M	1.50
					C1.02	上部纵筋成型尺寸 2	M	1.50
					C1.03	支座上部纵筋成型尺寸 1	M	1.50
					C1.04	支座上部纵筋成型尺寸 2	M	1.50
					C1.05	架立筋成型尺寸 1	M	1.50
					C1.06	下部纵筋成型尺寸 1	M	1.50
					C1.07	下部纵筋成型尺寸 2	M	1.50
					C1.08	侧面纵筋成型尺寸 1	M	1.50
					C1.09	箍筋成型尺寸 1	M	1.50
					C1.10	箍筋成型尺寸 2	M	1.50
D	钢筋绑扎	D1	第二天	箍筋间距	D1.01	间距 1	M	1.50
					D1.02	间距 2	M	1.50
					D1.03	间距 3	M	1.50
					D1.04	间距 4	M	1.50
					D1.05	间距 5	M	1.50
		D2	第二天	上部受力筋位置	D2.01	位置 1	M	1.50
					D2.02	位置 2	M	1.50
					D2.03	位置 3	M	1.50
					D2.04	位置 4	M	1.50
					D2.05	位置 5	M	1.50
		D3	第二天	下部受力筋间距	D3.01	间距 1	M	1.50
					D3.02	间距 2	M	1.50
					D3.03	间距 3	M	1.50
					D3.04	间距 4	M	1.50
					D3.05	间距 5	M	1.50
		D4	第二天	侧面构造筋位置	D4.01	位置 1	M	1.50
					D4.02	位置 2	M	1.50
					D4.03	位置 3	M	1.50
					D4.04	位置 4	M	1.50
					D4.05	位置 5	M	1.50

续表

<table>
<tr><th colspan="2">评分标准</th><th colspan="3">评分子标准</th><th colspan="2">评分特征</th><th rowspan="2">评分类型
M= 测量
J= 评价</th><th rowspan="2">最大分值</th></tr>
<tr><th>模块</th><th>名称</th><th>编号</th><th>评分日</th><th>描述</th><th>编号</th><th>描述</th></tr>
<tr><td rowspan="13">D</td><td rowspan="13">钢筋绑扎</td><td rowspan="6">D5</td><td rowspan="6">第二天</td><td rowspan="6">钢筋整体成型尺寸</td><td>D5.01</td><td>箍筋加密区成型尺寸</td><td>M</td><td>2.50</td></tr>
<tr><td>D5.02</td><td>箍筋非加密区成型尺寸</td><td>M</td><td>2.50</td></tr>
<tr><td>D5.03</td><td>上部通长筋整体成型尺寸</td><td>M</td><td>2.50</td></tr>
<tr><td>D5.04</td><td>支座受力筋整体成型尺寸</td><td>M</td><td>2.50</td></tr>
<tr><td>D5.05</td><td>下部通长筋整体成型尺寸</td><td>M</td><td>2.50</td></tr>
<tr><td>D5.06</td><td>侧面纵筋整体成型尺寸</td><td>M</td><td>2.50</td></tr>
<tr><td rowspan="4">D5</td><td rowspan="4">第二天</td><td rowspan="4">钢筋绑扎</td><td>D5.01</td><td>纵筋与箍筋紧贴，无间隙</td><td>M</td><td>2.00</td></tr>
<tr><td>D5.02</td><td>钢筋无松扣、缺扣</td><td>M</td><td>2.00</td></tr>
<tr><td>D5.03</td><td>绑扎对保护层的影响</td><td>M</td><td>2.00</td></tr>
<tr><td>D5.04</td><td>马凳安装准确</td><td>M</td><td>2.00</td></tr>
<tr><td rowspan="2">D6</td><td rowspan="2">第二天</td><td rowspan="2">垫块</td><td>D6.01</td><td>正确放置保护层垫块</td><td>M</td><td>1.00</td></tr>
<tr><td>D6.02</td><td>保护层垫块间距合理</td><td>M</td><td>1.00</td></tr>
<tr><td>D7</td><td>第二天</td><td>成型钢筋骨架</td><td>D7.01</td><td>钢筋骨架方正、无明显倾斜，主筋端部平齐</td><td>J</td><td>5.00</td></tr>
</table>

二、结果分析

对照评分标准表 3-5-1，分析误差产生的原因，并讨论如何调整以减小误差，最后完成表 3-5-2。

表 3-5-2　测评结构分析表

<table>
<tr><th>模块</th><th>名称</th><th>描述</th><th>误差</th><th>误差产生原因分析</th><th>减小误差方法</th></tr>
<tr><td rowspan="2">A</td><td rowspan="2">工作组织与沟通能力</td><td>工作组织</td><td></td><td></td><td></td></tr>
<tr><td>沟通能力</td><td></td><td></td><td></td></tr>
<tr><td rowspan="2">B</td><td rowspan="2">识图与钢筋配料</td><td>下料计算</td><td></td><td></td><td></td></tr>
<tr><td>下料</td><td></td><td></td><td></td></tr>
</table>

续表

模块	名称	描述	误差	误差产生原因分析	减小误差方法
C	钢筋加工	钢筋加工尺寸			
D	钢筋绑扎	箍筋间距			
		上部受力筋间距			
		下部受力筋间距			
		侧面构造筋间距			
		钢筋整体成型尺寸			
		钢筋绑扎			
		垫块			
		成型钢筋骨架			

评价与分析

根据每个小组成员在本活动学习过程中的表现填写“学习任务过程性考核记录表”（见附录）。

学习活动 6
梁钢筋制作与安装验收总结

学习目标

1. 培养分析总结能力。
2. 能正确规范地撰写工作总结。
3. 巩固梁钢筋的基本概念、类型及受力特点。
4. 培养团队协作和精益求精的精神。

建议学时

2 学时。

学习过程

一、个人、小组评价

以小组为单位，选择演示文稿、展板、海报、视频等形式中的一种或几种，向全班展示梁钢筋制作与安装的作业成果。在展示的过程中，以小组为单位进行评价。评价完成后，各个小组根据其他小组成员对本组展示成果的评价意见进行归纳总结。

二、教师评价

认真听取教师对本小组展示成果优缺点及在完成工作过程中出现的亮点和不足的评价意见，并做好记录。

1. 教师对本小组展示成果优点的点评。

2. 教师对本小组展示成果缺点及改进方法的点评。

3. 教师对本小组在整个任务完成过程中出现的亮点和不足的点评。

三、梁钢筋制作与安装工作过程回顾及总结

1. 总结完成梁钢筋制作与安装施工任务过程中遇到的问题和困难，列举 2 ~ 3 点你认为比较值得分享的工作经验。

2. 回顾完成本学习任务的工作过程，对新学专业知识和技能进行归纳和整理，写一篇不少于 800 字的工作总结。

评价与分析

按照客观、公正和公平原则，在教师的指导下按自我评价、小组评价和教师评价三种方式对自己或他人在本学习任务中的表现进行综合评价。综合等级按 A（90 ~ 100）、B（75 ~ 89）、C（60 ~ 74）、D（0 ~ 59）四个级别填写。学习任务综合评价表见表 3-6-1。

表 3-6-1 学习任务综合评价表

<table>
<tr><th rowspan="2">考核项目</th><th rowspan="2" colspan="2">评价内容</th><th rowspan="2">配分</th><th colspan="3">评价分数</th></tr>
<tr><th>自我评价</th><th>小组评价</th><th>教师评价</th></tr>
<tr><td rowspan="6">职业素养</td><td colspan="2">劳防用品穿戴完备，仪容仪表符合工作要求</td><td></td><td></td><td></td><td></td></tr>
<tr><td colspan="2">安全意识、责任意识、服从意识强</td><td></td><td></td><td></td><td></td></tr>
<tr><td colspan="2">积极参加教学活动，按时完成各项学习任务</td><td></td><td></td><td></td><td></td></tr>
<tr><td colspan="2">团队合作意识强，善于与人交流和沟通</td><td></td><td></td><td></td><td></td></tr>
<tr><td colspan="2">自觉遵守劳动纪律，尊敬师长，团结同学</td><td></td><td></td><td></td><td></td></tr>
<tr><td colspan="2">爱护公物，节约材料，现场符合“7S”管理标准</td><td></td><td></td><td></td><td></td></tr>
<tr><td rowspan="3">专业能力</td><td colspan="2">专业知识扎实，有较强的自学能力</td><td></td><td></td><td></td><td></td></tr>
<tr><td colspan="2">施工操作积极，训练刻苦，具有相应的动手能力</td><td></td><td></td><td></td><td></td></tr>
<tr><td colspan="2">施工规范，认真选取原料，注重工艺安全，工作效率高</td><td></td><td></td><td></td><td></td></tr>
<tr><td rowspan="2">工作成果</td><td colspan="2">施工流程符合工艺规范，钢筋满足施工要求</td><td></td><td></td><td></td><td></td></tr>
<tr><td colspan="2">工作总结符合要求，钢筋施工质量高</td><td></td><td></td><td></td><td></td></tr>
<tr><td colspan="3">总分</td><td></td><td></td><td></td><td></td></tr>
<tr><td colspan="2">总评</td><td>自我评价 ×20%+ 小组评价 ×20% + 教师评价 ×60% =</td><td>综合等级</td><td></td><td colspan="2">教师（签字）：</td></tr>
</table>

学习任务四
板钢筋制作与安装

学习目标

1. 掌握板结构施工详图平法识图和板钢筋构造。
2. 掌握板钢筋制作与安装施工过程。
3. 掌握板钢筋施工方案编制方法，了解现场管理方法。
4. 掌握板钢筋质量测评体系和质量控制方法。
5. 掌握板的基本概念、类型及受力特点。
6. 培养团队协作和精益求精的精神。
7. 培养学习能力和动手能力，能快速掌握新技能和新方法。

建议学时

24 学时。

工作流程与活动

学习活动 1　获取板钢筋制作与安装信息（2 学时）
学习活动 2　制定板钢筋制作与安装方案（6 学时）
学习活动 3　审定板钢筋制作与安装方案（2 学时）
学习活动 4　实施板钢筋制作与安装方案（8 学时）
学习活动 5　板钢筋制作与安装过程控制（4 学时）
学习活动 6　板钢筋制作与安装验收总结（2 学时）

工作情景描述

某样板房项目将进行板钢筋施工，现需要钢筋工根据样板房板施工图进行板钢筋制作与安装。

考虑到本工程的重要性，现场施工单位项目部要求技术部门要严格控制板钢筋加工与绑扎的施工工艺（钢筋下料、加工、绑扎）和施工质量（钢筋成型尺寸、钢筋间距及相关构造措施等），并责成质量部门在施工过程中跟踪监督，加强管理；项目部要求施工员小王根据《混凝土结构工程施工质量验收规范》（GB 50204—2015）、《世界技能标准规范》（WSSS）等相关测评标准，按“7S”管理标准管理施工现场，并进行自检和互检，形成记录，最后向工程项目部反馈并存档。假如你是施工员小王，其余小组成员是钢筋班组成员，你应该如何做呢?

学习活动 1 获取板钢筋制作与安装信息

学习目标

1. 巩固板结构施工详图平法识图和板钢筋构造，掌握板钢筋加工与安装施工流程。

2. 掌握板的基本概念、类型及受力特点。

3. 培养团队协作和精益求精的精神。

建议学时

2 学时。

学习过程

一、认知板钢筋制作与安装

表 4-1-1 至表 4-1-3 给出几种常见的板结构类型。请查阅板钢筋制作与安装的相关资料，在表 4-1-1、表 4-1-2 和表 4-1-3 中描述各种板的主要特点及应用范围。板内配筋构造示意图如图 4-1-1 所示。

表 4-1-1　板式楼板分类表

板类型	示意图	主要特点及应用范围
单向板	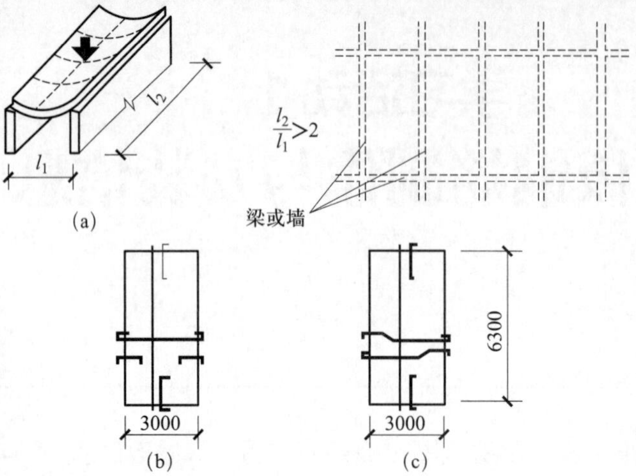 l_2 l_1 (a) $\frac{l_2}{l_1}>2$ 梁或墙 3000 (b) 3000 6300 (c)	
双向板	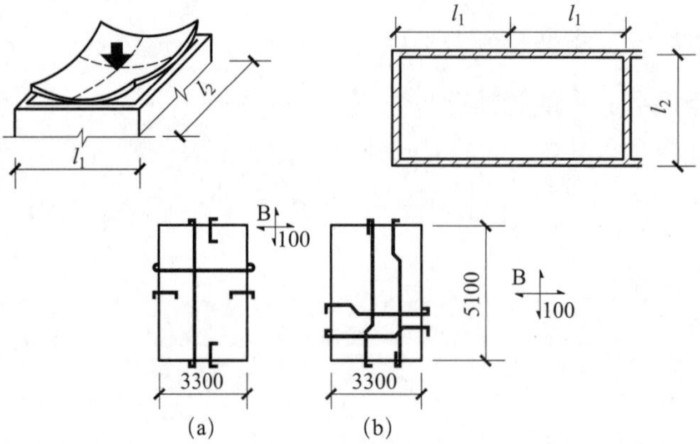 l_2 l_1 l_1 l_1 l_2 B 100 3300 (a) 3300 5100 B 100 (b)	

表 4-1-2　梁板式楼板分类表

板类型	示意图	主要特点及适用范围
单梁板	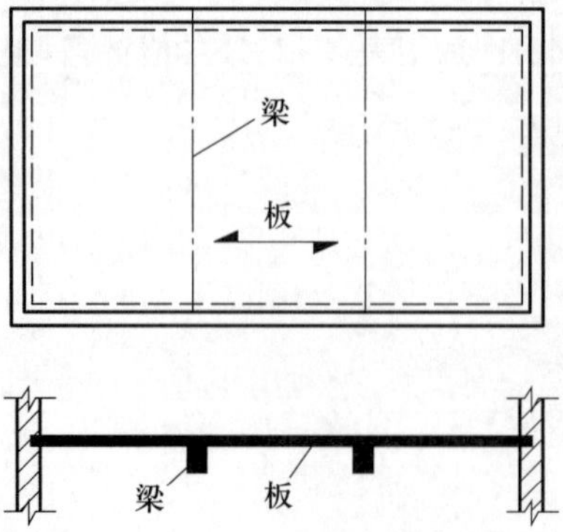 梁 板 梁 板	

续表

板类型	示意图	主要特点及适用范围
肋梁板	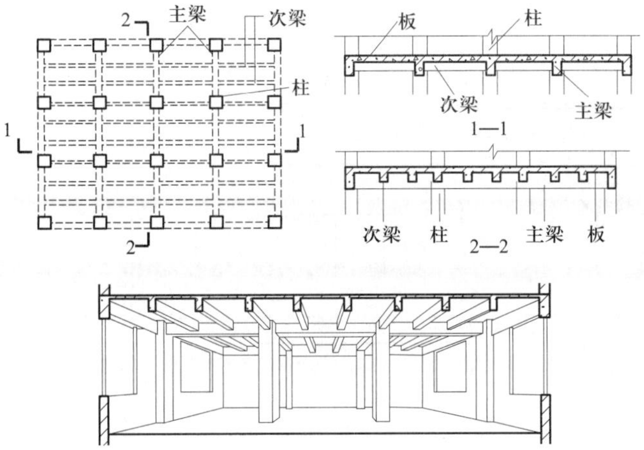	
井式（字）板	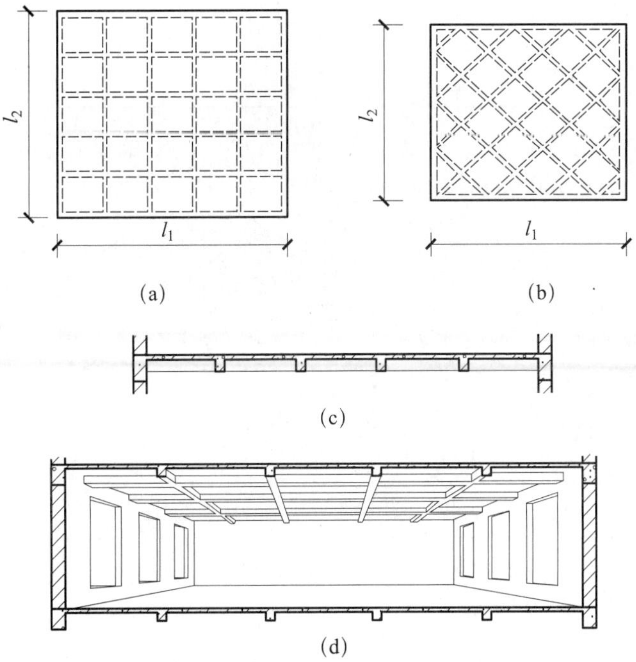 (a) (b) (c) (d)	

表 4-1-3　无梁板分类表

板类型	示意图	主要特点及适用范围
无梁板	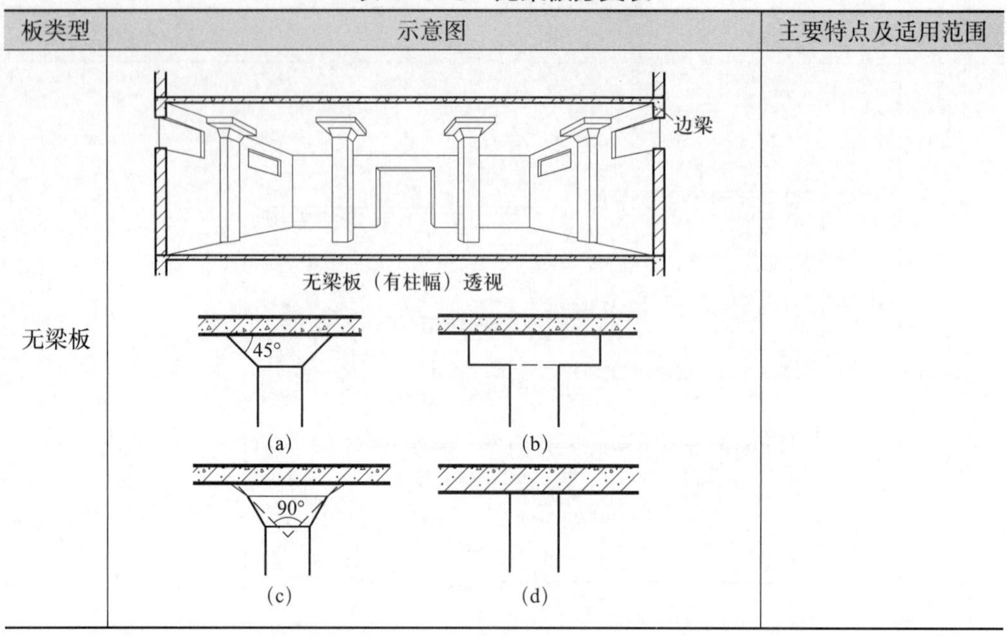	

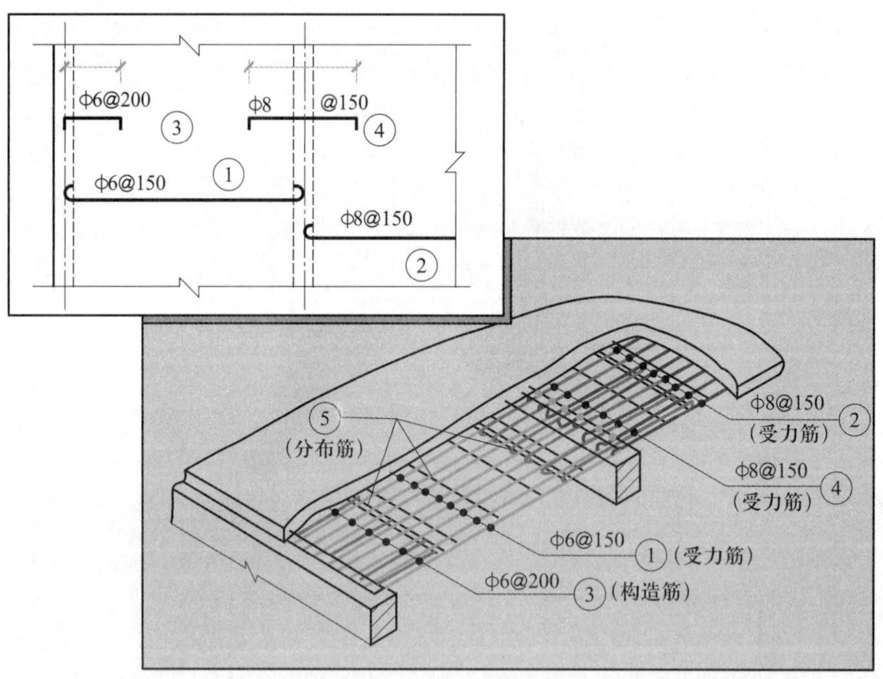

图 4-1-1　板内配筋构造示意图

二、板钢筋平法识图

1. 阅读图 4-1-2 所示二层结构板施工图，完成表 4-1-4。

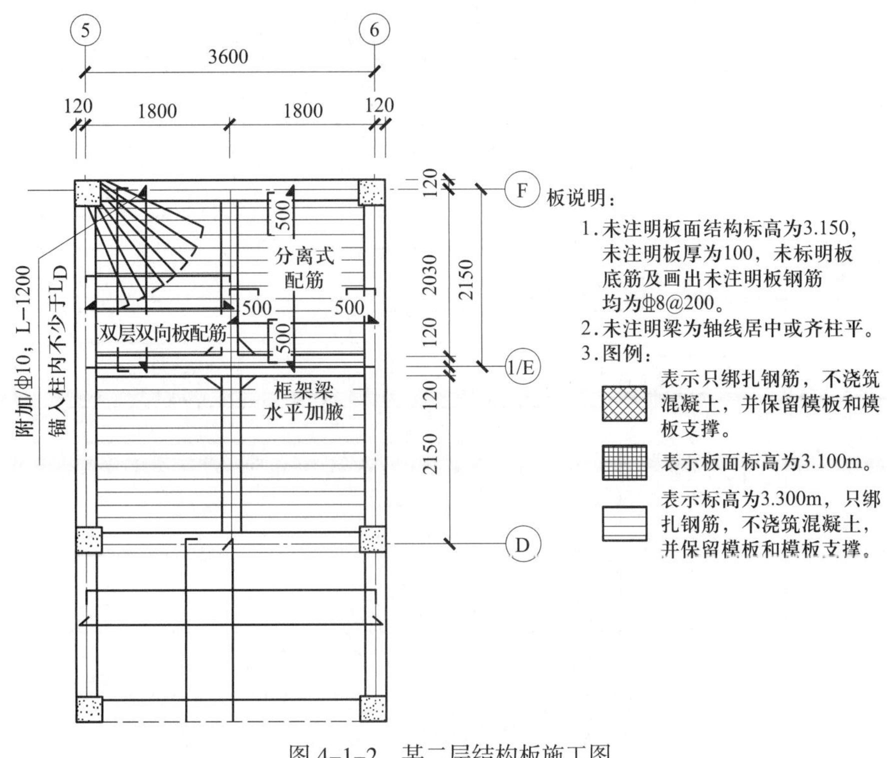

图 4-1-2　某二层结构板施工图

表 4-1-4　构配件钢筋信息表

构件	轴线编号	受力筋	分布筋	板厚 / mm	负筋规格及设置	板底标高	备注
	1/E ～ F 轴 /5 ～ 6 轴						
板筋简图							

2. 通过电子设备观看板钢筋制作与安装过程，观看结束后，教师引导学生完成图 4-1-3，在主步骤中简要填写该步骤的主要内容及注意事项。

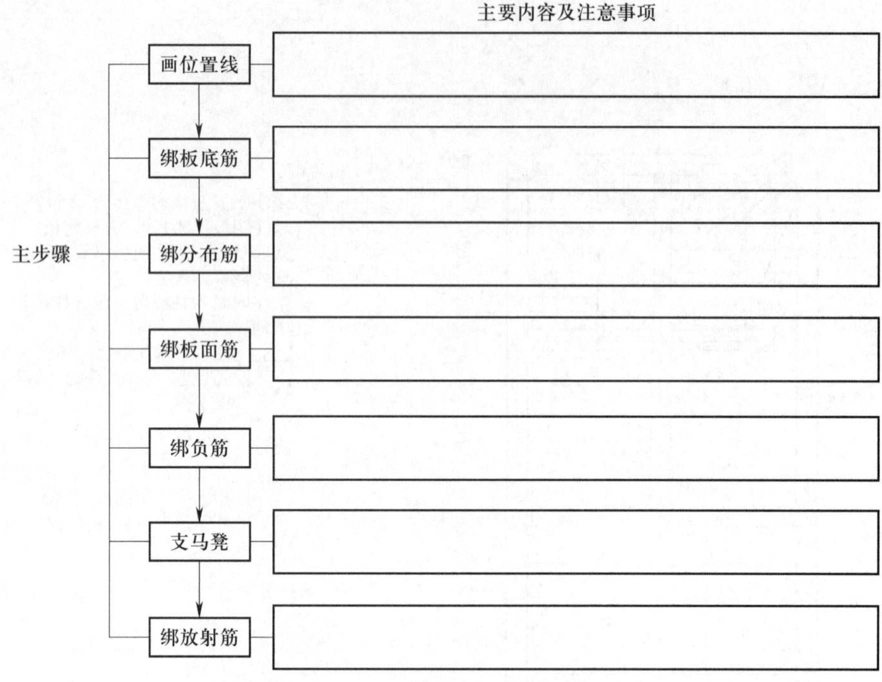

图 4-1-3　板钢筋制作工艺流程图

三、贯彻生产现场“7S”管理标准

“7S”管理是现代企业行之有效的现场管理理念和方法，它能提高工作效率、保证产品质量，使工作环境整洁有序，且以预防为主，保证安全。查阅相关资料，说明板钢筋施工现场“7S”管理相应的工作范畴，并填写在表 4-1-5 中。

表 4-1-5　板钢筋施工现场“7S”管理工作范畴

内容	含义与目的	板钢筋施工工作范畴
整理（SEIRI）	将工作场所的任何物品区分为有必要的和没有必要的，除了有必要的留下来，其他的都消除掉 腾出空间，空间活用，防止误用，塑造清爽的工作场所	
整顿（SEITON）	把留下来的必要用品摆放在规定位置上，放置整齐并加以标识 工作场所一目了然，节省寻找物品的时间，营造整整齐齐的工作环境，消除过多的积压物品	
清扫（SEISO）	将工作场所内看得见和看不见的地方清扫干净，保持工作场所整洁 稳定品质，减少工业伤害	

续表

内容	含义与目的	板钢筋施工工作范畴
清洁 (SEIKETSU)	将整理、整顿、清扫进行到底并制度化，保持环境的外在美观 创造明朗现场，维持以上“3S”成果	
素养 (SHITSUKE)	每一位成员养成良好的习惯，并遵守规则，培养积极主动的精神（也称习惯性） 培养有好习惯、遵守规则的员工，培养团队精神	
安全 (SECURITY)	重视安全教育，要求员工每时每刻都有“安全第一”的意识，防患于未然 建立安全的生产环境，所有的工作应建立在安全的前提下	
节约 (SAVING)	对时间、空间、能源等合理利用，发挥最大效能 创造高效率的、物尽其用的工作场所	

评价与分析

根据每个小组成员在本活动学习过程中的表现填写“学习任务过程性考核记录表”（见附录）。

学习活动 2
制定板钢筋制作与安装方案

学习目标

1. 掌握简单的分部分项工程施工方案编制方法。
2. 能根据板钢筋施工图进行钢筋电子图翻样，并填写下料单。
3. 能正确合理使用安全帽、安全鞋及劳防服饰。
4. 培养团队协作和精益求精的精神。

建议学时

6 学时。

学习过程

一、编制板钢筋施工方案

各个小组根据施工方案大纲完成简单板钢筋施工方案，任务认领单见表 4-2-1。

表 4-2-1　任务认领单

班级：________　小组：________　指导教师：________　工作任务：________

姓名	任务描述	开始时间	结束时间	备注

续表

姓名	任务描述	开始时间	结束时间	备注

1. 编制说明

（1）编制目的、适用范围

编制目的：____

____。

适用范围：____

____。

（2）编制依据

编制依据为某校建筑模型室板施工图纸、规范标准及施工现场的实际情况。

1）施工图纸（见表 4-2-2）。

表 4-2-2 施工图纸

序号	图纸名称及设计编号	图纸目录	设计单位
1	某校建筑模型室板施工图	1	—

2）主要规范、规程（见表 4-2-3）。

表 4-2-3 主要规范、规程

序号	规范、规程名称	规范、规程编号
1	混凝土结构工程施工质量验收规范	GB 50204—2015
2	建筑地基基础工程施工质量验收规范	GB 50202—2018
3	建筑工程施工质量验收统一标准	GB 50300—2013
4	混凝土质量控制标准	GB 50164—2011
5	混凝土结构施工图平面整体表示方法制图规则和构造详图	16G101-1、16G101-2、16G101-3
6	建筑物抗震构造详图	20G329-1
7	建筑工程资料管理规程	JGJ/T 185—2009

3）有关法规（见表 4-2-4）。

表 4-2-4　有关法规

<table>
<tr><th>序号</th><th>类别</th><th>名称</th><th>编号</th></tr>
<tr><td>1</td><td rowspan="3">国家</td><td>中华人民共和国建筑法</td><td>—</td></tr>
<tr><td>2</td><td>中华人民共和国劳动法</td><td>—</td></tr>
<tr><td>3</td><td>建设工程质量管理条例</td><td>—</td></tr>
<tr><td>4</td><td>行业</td><td>建设工程施工现场管理规定</td><td>建设部令第 15 号</td></tr>
</table>

2. 工程概况

（1）基本概况

基本概况:____

____

____。

（2）设计概况（见表 4-2-5）

表 4-2-5　设计概况

<table>
<tr><td rowspan="4">1</td><td rowspan="4">建筑面积</td><td>总建筑面积</td><td>万 m²</td><td colspan="2">地下面积</td><td>万 m²</td></tr>
<tr><td>占地面积</td><td>万 m²</td><td colspan="2">地上面积</td><td>万 m²</td></tr>
<tr><td rowspan="2">地下</td><td rowspan="2">层</td><td rowspan="2">地上</td><td>Ⅱ区</td><td>层</td></tr>
<tr><td>Ⅲ区</td><td>层</td></tr>
<tr><td>2</td><td>层高 /m</td><td colspan="5"></td></tr>
<tr><td rowspan="2">3</td><td rowspan="2">结构概况</td><td>基础形式</td><td colspan="4"></td></tr>
<tr><td>结构形式</td><td colspan="4"></td></tr>
<tr><td rowspan="3">4</td><td rowspan="3">结构断面尺寸 /mm</td><td>基础底板厚度</td><td colspan="4"></td></tr>
<tr><td>剪力墙厚度</td><td colspan="4"></td></tr>
<tr><td>楼板厚度</td><td colspan="4"></td></tr>
<tr><td>5</td><td>抗震等级</td><td colspan="5"></td></tr>
<tr><td>6</td><td>钢筋类别</td><td colspan="5"></td></tr>
<tr><td>7</td><td>钢筋直径 / mm</td><td colspan="5"></td></tr>
<tr><td>8</td><td>钢筋接头形式</td><td colspan="5"></td></tr>
</table>

（3）现场概况

现场概况：____

____

____。

（4）工程难点

工程难点：____

____

____。

3. 施工准备

（1）技术准备

技术准备：____

____

____

____

____

____

____

____。

（2）机具准备（见表 4-2-6）

表 4-2-6　钢筋机具准备一览表

序号	机械设备名称	型号	数量	功率
1				
2				
3				
4				
5				
6				

（3）人员准备（见表 4-2-7）

表 4-2-7　人员准备

序号	工位号	人员分工	人数	备注
1				根据工程施工进度和实际情况，各工种人数会有所变化
2				
3				
4				
5				
6				

（4）材料准备

1）钢筋场地准备。由于施工场地狭小，钢筋场地准备的具体要求如下：钢筋场地要分为钢筋原材堆放区、钢筋半成品堆放区和钢筋加工区，钢筋进临时加工场均按规定位置放在指定场区内。

2）场地平面布置图（见图 4-2-1）

图 4-2-1　场地平面布置图

3）堆放要求

①原材。进场钢筋原材按未检验钢筋、检验合格钢筋、检验不合格钢筋分别堆放；不得直接堆放在地面，应用 100 mm × 100 mm 方木垫块架空堆放，以免钢筋被水浸泡而生锈；挂标识牌，标识牌规格尺寸为 297 mm × 210 mm。请自行设计材料标识牌 1（见图 4-2-2）。

图 4-2-2　材料标识牌 1

②成品和半成品。已加工好的钢筋按绑扎顺序分类、分区码放整齐，成行成列。成品和半成品存放场地挂标识牌，标识牌要标明钢筋规格、钢筋编号、使用部位及数量。请自行设计材料标识牌 2（见图 4-2-3）。

图 4-2-3　材料标识牌 2

（5）材料要求

1）钢筋。检查钢筋出厂合格证、质量证明文件及备案，按规定进行见证取样复试，经检验合格后方可使用。进场钢筋的生产厂家、规格、型号、数量应与出厂合格证或试验报告中所标明的相符，指标符合有关标准和规范。钢筋的外观应平直、无损伤，表面不得有裂纹、油污、颗粒状或片状老锈。

纵向受力钢筋的抗拉强度实测值与屈服强度实测值的比值不小于 1.25。钢筋的屈服强度实测值与强度标准值的比值不大于 1.3，其目的是保证在地震作用下某些结构部位出现塑性铰以后钢筋还具有足够的变形能力。

2）铁丝。钢筋绑扎用的铁丝可采用 20 ~ 22 号铁丝（火烧丝）或镀锌铁丝，其中 22 号铁丝只用于绑扎直径 12 mm 以下的钢筋。钢筋绑扎铁丝长度见表 4-2-8。

表 4-2-8　钢筋绑扎铁丝长度

钢筋直径 /mm	铁丝长度 /mm							
	6 号 ~ 8 号	10 号 ~ 12 号	14 号 ~ 16 号	18 号 ~ 20 号	22 号	25 号	28 号	32 号
6 ~ 8	150	170	190	220	250	270	290	320
10 ~ 12	—	190	220	250	270	290	310	340
14 ~ 16	—	—	250	270	290	310	330	360
18 ~ 20	—	—	—	290	310	330	350	380
22	—	—	—	—	330	350	370	400

4. 主要施工方法

（1）板钢筋加工

钢筋加工采用工位内加工，同时工位内堆放钢筋成品和半成品。

（2）板钢筋加工要求

板钢筋加工要求:____

____

____

____。

钢筋加工的形状、尺寸应符合设计要求，其偏差应符合表 4-2-9。

表 4-2-9　钢筋加工的允许偏差

序号	项目	允许偏差 /mm	
		国家标准	世赛标准
1	受力钢筋沿长度方向的净尺寸	± 10	± 1
2	弯起钢筋的弯折位置	± 20	± 1
3	箍筋外廓尺寸	± 5	± 1

（3）钢筋半成品堆放

钢筋半成品按规格码放，挂好标识牌，以免混淆。每一种加工完成的钢筋上不得少于两个标识牌，标识牌的材料为塑料胸卡材质，标识牌的表格采用机器打印、手工填写，标识牌可重复使用。请自行设计材料标识牌 3（见图 4-2-4）。

图 4–2–4　材料标识牌 3

每一批原材钢筋存放支架上设木标识牌，木标识牌上用图钉固定塑料夹，便于随时更换。标识卡采用塑料板，塑料板可重复使用。请自行设计材料标识牌 4（见图 4-2-5）。

图 4–2–5　材料标识牌 4

（4）钢筋抽样

钢筋抽样由专业人员进行。抽样前仔细阅读有关图纸、设计变更、洽商及相关规范、规程、标准、图集，熟悉钢筋构造要求，读懂图纸中的各个细部，并以此画出结构配筋详图。

钢筋抽样中结合现场实际情况，考虑搭接、锚固等规范要求，进行放样下料，下料时必须兼顾钢筋长短搭配，最大限度地节约钢筋。

料单在该批钢筋加工使用前 7 天编制完毕，并经有关工程师审批后，方可下料加工。

下料前应依据料单查看现场钢筋的规格、用量情况，以及原材料复试是否合格、原材料各种规格是否齐全。如需钢筋代换，应与技术部会同设计人员协商，办理设计变更文件，方可进行钢筋代换施工。

（5）钢筋除锈的方法和设备

钢筋除锈的方法和设备：____

____

____

____

____

____。

（6）钢筋加工工具和设备

1）钢筋调直的方法和设备：直径 12 mm 以下的盘条采用钢筋调直机进行调直，同时可以根据需要切断。

2）钢筋切断的方法和设备：____

____

____

____

____

____

____。

3）钢筋弯曲成型的方法和设备：____________________________________

____

____

____

____

____

____

____

____。

（7）钢筋连接方式（钢筋连接位置见表 4-2-10）

钢筋连接方式：____

____

____。

表 4-2-10　钢筋连接位置表

结构部位		跨中 1/3 范围内	支座处 1/3 范围内	备注
楼板	下铁	—	√	
	上铁	√	—	

1）钢筋连接的一般要求：____

____

____

____

____。

2）板钢筋的搭接要求：____

____

____

____

____。

（8）钢筋的绑扎

板钢筋的绑扎：____

____

____

____

____

____

____。

5. 质量要求

（1）允许偏差和检验方法（见表 4-2-11）

表 4-2-11 钢筋安装允许偏差和检验方法

序号	项目		允许偏差 /mm		检验方法
			国家标准	世赛标准	
1	绑扎钢筋网	长、宽	± 10	± 1	尺量
		网眼尺寸	± 20	± 1	尺量连续三档，取最大偏差值
2	绑扎钢筋骨架	长	± 10	± 1	尺量
		宽、高	± 5	± 1	尺量
3	纵向受力钢筋	锚固长度	-20	± 1	尺量
		间距	± 10	± 1	尺量两端、中间各一点，取最大偏差值
		排距	± 5	± 1	
4	纵向受力钢筋、箍筋的混凝土保护层厚度	基础	± 10	± 1	尺量
		柱、梁	± 5	± 1	尺量
		板、墙、壳	± 3	± 1	尺量
5	绑扎箍筋、横向钢筋间距		± 20	± 1	尺量连续三档，取最大偏差值
6	钢筋弯起点位置		20	± 1	尺量，沿纵、横两个方向量测，并取其中偏差的较大值
7	预埋件	中心线位置	5	± 1	尺量
		水平高差	+3，0	± 1	尺量

（2）验收方法

1）主控项目：______________________________

____

____

____

____。

2）一般项目：______________________________

____

____

____

____

____

____。

(3) 应注意的问题

应注意的问题:____

____。

(4) 成品保护措施

成品保护措施:____

____。

6. 安全文明施工措施及环保措施

(1) 安全文明施工措施

1) 文明施工措施:____

____。

2) 钢筋工作业要求:____

____。

（2）环保措施

环保措施：____
____
____
____
____
____
____
____。

二、钢筋翻样，填写下料单

详细阅读本任务板结构施工图并结合结构图集（16G101-1）进行电子钢筋翻样，最后填写表 4-2-12。

表 4-2-12　钢筋下料单

工程名称：____________　　　　班组：____________

构件名称	钢筋强度等级	钢筋直径	钢筋简图	下料长度	根数	单根质量	总质量
总长度							
总质量							

三、完成施工安全培训测试

在教师组织下，由世赛项目选手演示如何正确穿戴劳防用品，通过视频进行安全教育培训。本环节每位小组成员必须独立完成劳防用品使用安全培训测试题。

劳防用品使用安全培训测试

姓名：__________ 班组：__________ 成绩：__________

一、填空题

1. 我国安全生产的指导方针是__________________。
2. 进入施工现场必须__________严格执行安全技术操作规程。
3. 施工现场的“三宝”分别是________、________和________。
4. 施工现场的“四口”分别是_______、_______、_______和_______。
5. 伤亡事故发生的直接原因是__________________和物的不安全状态。

二、判断题

1. 进场工作戴好安全帽后，穿拖鞋就可以上班。 (　　)
2. 三机操作人员下班后必须切断电源并锁好开关箱。 (　　)
3. 进场工人必须经过三级安全教育，经考核合格者方可上岗作业。 (　　)
4. 利用建筑物楼梯做工人上下班的施工通道，楼梯边必须搭设临时防护栏杆。 (　　)
5. 外脚手架必须与主体工程同时设计、同时施工、同时投入使用。 (　　)

三、问答题

1. 什么是施工现场的“三不违”？

答：

2. 分别指出下列三幅图中安全帽佩戴错误的地方。

(a)

(b)

(c)

答：

四、完成施工进度计划表——横道图

根据本任务要求，采用横道图方式编制施工进度计划表（见表 4-2-13）。

表 4-2-13　施工进度计划表

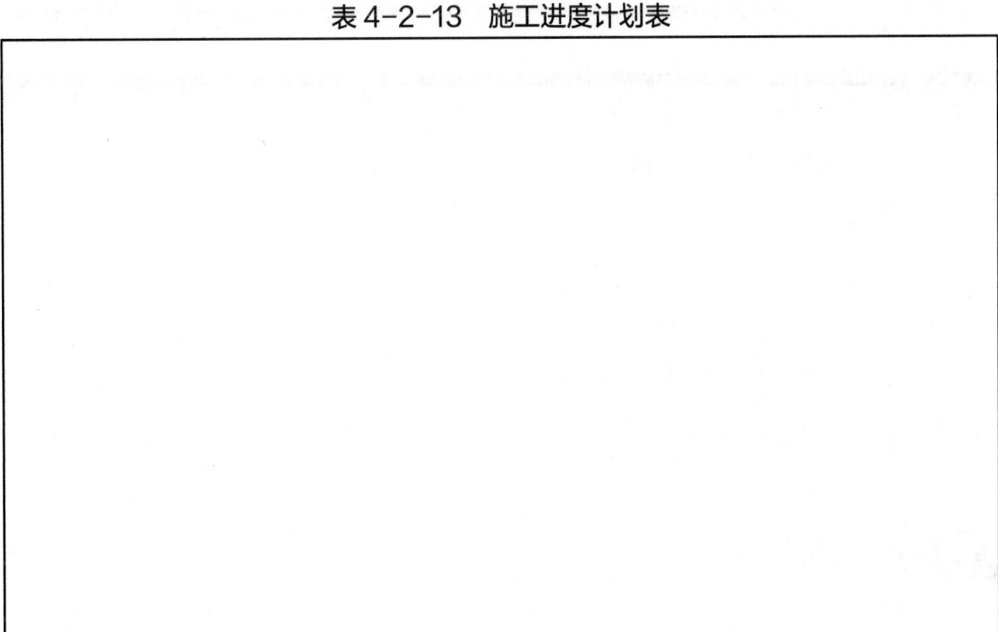

评价与分析

根据每个小组成员在本活动学习过程中的表现填写“学习任务过程性考核记录表”（见附录）。

学习活动 3
审定板钢筋制作与安装方案

学习目标

1. 能审定板钢筋施工方案。
2. 能审定板钢筋电子图翻样和钢筋下料单。
3. 能正确穿戴安全帽、安全鞋及劳防服饰。
4. 能审定施工进度计划表。
5. 培养发现问题和解决问题的能力。
6. 培养团队协作和精益求精的精神。

建议学时

2 学时。

学习过程

一、讨论、评价板钢筋施工方案

每个小组选派代表讲解施工方案的要点和元素，展示施工方案，由指导教师组织其他小组打分（评分标准见表 4-3-1），并评论该方案的合理性和准确性，然后提出整改意见，课后统一整改，各个小组分别填写整改记录单（见表 4-3-2）。

表 4-3-1　施工方案评分表

施工方案名称				
	评分项	标准分值	实际分值	扣分原因
编制说明（分值：10 分）	1. 编制目的、适用范围	5		
	2. 编制依据：相关图纸及主要规范、规程、法律法规	5		
工程概况（分值：15 分）	1. 基本概况	4		
	2. 设计概况	3		
	3. 现场概况	3		
	4. 工程难点	5		
施工准备（分值：15 分）	1. 技术准备	3		
	2. 机具准备	3		
	3. 人员准备	3		
	4. 材料准备：钢筋场地准备、场地平面布置图、堆放要求	3		
	5. 材料要求：钢筋、钢丝	3		
主要施工方法（分值：30 分）	1. 钢筋加工	4		
	2. 钢筋加工要求	4		
	3. 钢筋半成品堆放	3		
	4. 钢筋抽样	3		
	5. 钢筋除锈的方法和设备	5		
	6. 钢筋加工工具和设备：调直、切断、弯曲成型	3		
	7. 钢筋连接：一般要求、钢筋的搭接	3		
	8. 钢筋绑扎	5		
质量要求（分值：20 分）	1. 允许偏差和检验方法	5		
	2. 验收方法：主控项目、一般项目	5		
	3. 应注意的问题	5		
	4. 成品保护措施	5		
安全文明施工要求及环保要求（分值：10 分）	1. 安全文明施工措施	5		
	2. 环保措施	5		

班组长签字：　　　　　　　　　　　　　　　　指导教师签字：

表 4-3-2　整改记录单

工程名称		项目经理（指导教师）	
检查日期		班组	
检查项目		检查形式	

整改内容：

项目经理（签字）：
年　月　日

整改措施：

整改负责人（签字）：
年　月　日

整改结果：

整改验收人（签字）：
年　月　日

注：

项目经理（指导教师）签字：＿＿＿＿＿＿　　班组长签字：＿＿＿＿＿＿

二、确定板钢筋下料长度

1. 钢筋下料长度的计算方法多样，教师需要首先组织各个小组讨论计算方法，各个小组派小组成员讲解计算方法，以及各类钢筋的下料长度，然后讨论确定统一的计算方法，最后各个小组再重新计算钢筋下料长度并填写表 4-3-3。

表 4-3-3　第二轮钢筋下料单

工程名称：__________　　　班组：__________

构件名称	钢筋强度等级	钢筋直径	钢筋简图	下料长度	根数	单根质量	总质量
总长度							
总质量							

2. 由世赛选手演示，采用手动钢筋弯曲机确定钢筋实际的下料长度，并回答下列问题，完成表 4-3-4。

（1）影响钢筋实际下料长度的因素有哪些？并分析这些影响因素对最终钢筋下料的影响程度。

____

____

____

____

____

（2）实际下料长度与理论下料长度的关系是什么？

（3）确定实际下料长度的计算方式有哪些？说明如何控制钢筋的实际下料长度。

表 4-3-4　钢筋实际下料单

工程名称：＿＿＿＿＿＿　　班组：＿＿＿＿＿＿

构件名称	钢筋强度等级	钢筋直径	钢筋简图	实际下料长度	根数	单根质量	总质量
总长度							
总质量							

三、确定个人劳防用品使用情况

1. 教师与学生讨论劳防用品使用安全培训测试题的正确答案，然后由各组长对组员的答题结果打分并评论各组员劳防用品是否已经正确佩戴或使用。

2. 由每个小组选派一名代表进行劳防用品的穿戴演示，教师结合世赛对劳防用品的使用要求对每个小组进行评价并填写表 4-3-5，各个小组根据整改意见进行统一整改。

表 4-3-5 劳防用品评分表

班组:__________ 指导教师:__________

项目	评分		得分	整改意见
试题	< 60 分	0		
	60 ~ 69 分	1		
	70 ~ 79 分	2		
	80 ~ 89 分	3		
	90 ~ 100 分	4		
安全帽	合格	1		
	不合格	0		
安全鞋	合格	1		
	不合格	0		
安全服饰	合格	1		
	不合格	0		
手套	合格	1		
	不合格	0		
护目镜	合格	1		
	不合格	0		
口罩	合格	1		
	不合格	0		

四、确认施工进度计划表

指导教师组织各个小组讨论施工进度计划表的合理性，各个小组根据讨论结果填写最终确认的施工进度计划表（见表 4-3-6）。

表 4-3-6　施工进度计划表

五、签署确认单，集体进行备工、备料

每个小组选派一名学生作为监督检查人员，教师组织学生对各个小组的下料单、施工方案、工具、材料及工位（板模板支模情况）进行最终确认，确认后由各个班组长签字，形成表 4-3-7。

表 4-3-7　确认单

班组:＿＿＿＿＿＿＿＿　　　　指导教师:＿＿＿＿＿＿＿＿

项目	序号	规格型号	备注	签字确认
下料单	1			
施工方案	1			
工具	1			
	2			
	3			
	4			
	5			
	6			
	7			
	8			
	9			
	10			

续表

项目	序号	规格型号	备注	签字确认
材料	1			
	2			
	3			
	4			
	5			
	6			
	7			
	8			
	9			
	10			
工位	1			

评价与分析

根据每个小组成员在本活动学习过程中的表现填写“学习任务过程性考核记录表”（见附录）。

学习活动 4
实施板钢筋制作与安装方案

学习目标

1. 能根据板钢筋制作与安装要求，进行现场安全、技术交底工作。

2. 能根据板结构施工详图、混凝土结构图集和施工进度计划表进行板钢筋施工。

3. 培养团队协作和精益求精的精神。

4. 培养学习能力和动手能力，能快速掌握新技能和新方法。

建议学时

8 学时。

学习过程

一、技术交底

根据板钢筋制作与安装要求，进行现场安全、技术交底工作，并形成表 4-4-1“技术交底记录表”。

表 4-4-1 技术交底记录表

技术交底记录		编号	
工程名称		交底日期	
施工班组		分项工程名称	钢筋工程
交底提要	板钢筋制作与安装		

续表

交底内容：

1. 板钢筋绑扎过程

2. 钢筋安装的质量要求（国家标准）：

3. 钢筋安装的质量要求（世赛标准）：

钢筋安装允许偏差和检验方法：

钢筋安装允许偏差和检验方法

序号	项目		允许偏差 /mm		检验方法
			国家标准	世赛标准	
1	绑扎钢筋网	长、宽	± 10	± 1	尺量
		网眼尺寸	± 20	± 1	尺量连续三档，取最大偏差值
2	绑扎钢筋骨架	长	± 10	± 1	尺量
		宽、高	± 5	± 1	尺量
3	纵向受力钢筋	锚固长度	-20	+ 1	尺量
		间距	± 10	± 1	尺量两端、中间各一点，取最大偏差值
		排距	± 5	± 1	
4	纵向受力钢筋、箍筋的混凝土保护层厚度	基础	± 10	± 1	尺量
		柱、梁	± 5	± 1	尺量
		板、墙、壳	± 3	± 1	尺量
5	绑扎箍筋、横向钢筋间距		± 20	± 1	尺量连续三档，取最大偏差值
6	钢筋弯起点位置		20	± 1	尺量，沿纵、横两个方向量测，并取其中偏差的较大值
7	预埋件	中心线位置	5	± 1	尺量
		水平高差	+3，0	± 1	尺量

审核人		交底人		接交人	

注：1. 本表由施工单位填写，交底单位与接受交底单位各存一份。

2. 做分项工程施工技术交底时应填写“分项工程名称”栏，其他技术交底可不填写。

二、板钢筋施工

1. 施工准备

（1）劳防用品穿戴就位。

（2）工具、材料发放。

（3）施工图纸准备。

施工过程：每个小组由一位世赛项目选手辅助进行钢筋下料制作和安装，教师引导学生完成整个工作任务。

2. 板钢筋下料

总结板钢筋下料步骤、下料技巧及下料过程中应该注意的问题，完成表 4-4-2。

表 4-4-2　板钢筋下料步骤、下料技巧及下料过程中应该注意的问题

事项	序号及说明	附照片
下料步骤	1.	
	2.	
	3.	
	4.	

续表

事项	序号及说明	附照片
下料步骤	5.	
下料技巧	1.	
	2.	
	3.	
	4.	
	5.	

续表

事项	序号及说明	附照片
下料过程中应该注意的问题	1.	
	2.	
	3.	
	4.	
	5.	

3. 板钢筋加工

总结板钢筋加工步骤、加工技巧及加工过程中应该注意的问题，完成表 4-4-3。

表 4-4-3　板钢筋加工步骤、加工技巧及加工过程中应该注意的问题

事项	序号及说明	附照片
加工步骤	1.	
	2.	
	3.	
	4.	
	5.	

续表

事项	序号及说明	附照片
加工技巧	1.	
	2.	
	3.	
	4.	
	5.	

续表

事项	序号及说明	附照片
加工过程中应该注意的问题	1.	
	2.	
	3.	
	4.	
	5.	

4. 板钢筋放样

（1）绘制板钢筋放样施工图 4-4-1，在图中明确放样的先后顺序。

图 4-4-1　板钢筋放样施工图

（2）总结板钢筋放样步骤、放样技巧及放样过程中应该注意的问题，完成表 4-4-4。

表 4-4-4　板钢筋放样步骤、放样技巧及放样过程中应该注意的问题

事项	序号及说明	附照片
放样步骤	1.	
	2.	
	3.	

续表

事项	序号及说明	附照片
放样步骤	4.	
	5.	
放样技巧	1.	
	2.	
	3.	
	4.	

续表

事项	序号及说明	附照片
放样技巧	5.	
放样过程中应该注意的问题	1.	
	2.	
	3.	
	4.	
	5.	

5. 板钢筋绑扎

总结板钢筋绑扎步骤、绑扎技巧及绑扎过程中应该注意的问题，完成表 4-4-5。

表 4-4-5　板钢筋绑扎步骤、绑扎技巧及绑扎过程中应该注意的问题

事项	序号及说明	附照片
绑扎步骤	1.	
	2.	
	3.	
	4.	
	5.	

续表

事项	序号及说明	附照片
绑扎技巧	1.	
	2.	
	3.	
	4.	
	5.	

续表

事项	序号及说明	附照片
绑扎过程中应该注意的问题	1.	
	2.	
	3.	
	4.	
	5.	

6. 工完场清

当天任务完成后，各个小组按照场地平面布置图将材料和工具归类整理，工位卫生、垃圾清理完成后将垃圾或废料放到指定地点，经各个班组长确认后方可离开工位。

板钢筋制作与安装工完场清过程中需要注意哪些问题？

____

____

____

____

____

____

评价与分析

根据每个小组成员在本活动学习过程中的表现填写“学习任务过程性考核记录表”（见附录）。

学习活动 5
板钢筋制作与安装过程控制

学习目标

1. 掌握国家标准和世赛标准的评分和测量方法。
2. 能对照评分表分析误差产生的原因，并能调整参数。
3. 培养团队协作和精益求精的精神。

建议学时

4 学时。

学习过程

一、测评

测评共分为 A、B、C、D 四个模块。

1. 在整个施工过程中，每个小组选派一名代表作为巡查员，教师组织巡查员按照世赛要求对各个小组的工作组织与沟通能力进行评价，具体评分标准见表 4-5-1 中的模块 A。

2. 板钢筋下料结束后，教师组织巡查员对各个工位的钢筋下料长度进行测评，具体评分标准见表 4-5-1 中的模块 B。

3. 板钢筋下料加工结束后，教师组织巡查员对各个工位的钢筋加工后长度进行测评，具体评分标准见表 4-5-1 中的模块 C。

4. 板钢筋绑扎结束后，教师组织巡查员对各个工位的钢筋成型尺寸进行测评，具体评分标准见表 4-5-1 中的模块 D。

表 4-5-1　评分标准

评分标准		评分子标准			评分特征		评分类型 M= 测量 J= 评价	最大分值
编号	名称	编号	评分日	描述	编号	描述		
A	工作组织与沟通能力	A1	第一天	工作组织	A1.01	正确佩戴安全帽，安全鞋、手套正确使用	M	2.00
					A1.02	工完料清，工作结束后清理工作区，无废料和垃圾堆放	J	2.00
		A2	第一天	沟通能力	A2.01	不大声喧哗，不混乱	J	2.00
					A2.02	对队友信任，积极沟通	J	1.50
		A3	第二天	工作组织	A3.01	正确佩戴安全帽，安全鞋、手套正确使用	M	2.00
					A3.02	工完料清，工作结束后清理工作区，无废料和垃圾堆放	J	2.00
		A4	第二天	沟通能力	A4.01	不大声喧哗，不混乱	J	2.00
					A4.02	对队友信任，积极沟通	J	1.50
B	识图与钢筋配料	B1	第一天	下料计算	B1.01	受力筋	M	2.00
					B1.02	分布筋	M	2.00
					B1.03	板负筋	M	2.00
					B1.04	放射筋	M	2.00
		B2	第一天	下料	B2.01	受力筋长度 1	M	1.00
					B2.02	受力筋长度 2	M	1.00
					B2.03	受力筋长度 3	M	1.00
					B2.04	分布筋长度 1	M	1.00
					B2.05	分布筋长度 2	M	1.00
					B2.06	分布筋长度 3	M	1.00
					B2.07	板负筋长度 1	M	1.00

续表

<table>
<tr><th colspan="2">评分标准</th><th colspan="3">评分子标准</th><th colspan="2">评分特征</th><th rowspan="2">评分类型
M= 测量
J= 评价</th><th rowspan="2">最大分值</th></tr>
<tr><th>编号</th><th>名称</th><th>编号</th><th>评分日</th><th>描述</th><th>编号</th><th>描述</th></tr>
<tr><td rowspan="5">B</td><td rowspan="5">识图与钢筋配料</td><td rowspan="5">B2</td><td rowspan="5">第一天</td><td rowspan="5">下料</td><td>B2.08</td><td>板负筋长度 2</td><td>M</td><td>1.00</td></tr>
<tr><td>B2.09</td><td>板负筋长度 3</td><td>M</td><td>1.00</td></tr>
<tr><td>B2.10</td><td>放射筋长度 1</td><td>M</td><td>1.00</td></tr>
<tr><td>B2.11</td><td>放射筋长度 2</td><td>M</td><td>1.00</td></tr>
<tr><td>B2.12</td><td>放射筋长度 3</td><td>M</td><td>1.00</td></tr>
<tr><td rowspan="10">C</td><td rowspan="10">钢筋加工</td><td rowspan="10">C1</td><td rowspan="10">第一天</td><td rowspan="10">钢筋加工尺寸</td><td>C1.01</td><td>受力筋成型尺寸 1</td><td>M</td><td>1.50</td></tr>
<tr><td>C1.02</td><td>受力筋成型尺寸 2</td><td>M</td><td>1.50</td></tr>
<tr><td>C1.03</td><td>受力筋成型尺寸 3</td><td>M</td><td>1.50</td></tr>
<tr><td>C1.04</td><td>分布筋成型尺寸 1</td><td>M</td><td>1.50</td></tr>
<tr><td>C1.05</td><td>分布筋成型尺寸 2</td><td>M</td><td>1.50</td></tr>
<tr><td>C1.06</td><td>分布筋成型尺寸 3</td><td>M</td><td>1.50</td></tr>
<tr><td>C1.07</td><td>板负筋成型尺寸 1</td><td>M</td><td>1.50</td></tr>
<tr><td>C1.08</td><td>板负筋成型尺寸 2</td><td>M</td><td>1.50</td></tr>
<tr><td>C1.09</td><td>放射筋成型尺寸 1</td><td>M</td><td>1.50</td></tr>
<tr><td>C1.10</td><td>放射筋成型尺寸 2</td><td>M</td><td>1.50</td></tr>
<tr><td rowspan="10">D</td><td rowspan="10">钢筋绑扎</td><td rowspan="5">D1</td><td rowspan="5">第二天</td><td rowspan="5">上部受力筋间距</td><td>D1.01</td><td>间距 1</td><td>M</td><td>1.50</td></tr>
<tr><td>D1.02</td><td>间距 2</td><td>M</td><td>1.50</td></tr>
<tr><td>D1.03</td><td>间距 3</td><td>M</td><td>1.50</td></tr>
<tr><td>D1.04</td><td>间距 4</td><td>M</td><td>1.50</td></tr>
<tr><td>D1.05</td><td>间距 5</td><td>M</td><td>1.50</td></tr>
<tr><td rowspan="5">D2</td><td rowspan="5">第二天</td><td rowspan="5">上部构造筋位置</td><td>D2.01</td><td>位置 1</td><td>M</td><td>1.50</td></tr>
<tr><td>D2.02</td><td>位置 2</td><td>M</td><td>1.50</td></tr>
<tr><td>D2.03</td><td>位置 3</td><td>M</td><td>1.50</td></tr>
<tr><td>D2.04</td><td>位置 4</td><td>M</td><td>1.50</td></tr>
<tr><td>D2.05</td><td>位置 5</td><td>M</td><td>1.50</td></tr>
</table>

续表

评分标准		评分子标准			评分特征		评分类型 M= 测量 J= 评价	最大分值
编号	名称	编号	评分日	描述	编号	描述		
D	钢筋绑扎	D3	第二天	下部受力筋间距	D3.01	间距 1	M	1.50
					D3.02	间距 2	M	1.50
					D3.03	间距 3	M	1.50
					D3.04	间距 4	M	1.50
					D3.05	间距 5	M	1.50
		D4	第二天	下部构造筋位置	D4.01	位置 1	M	1.50
					D4.02	位置 2	M	1.50
					D4.03	位置 3	M	1.50
					D4.04	位置 4	M	1.50
					D4.05	位置 5	M	1.50
		D5	第二天	钢筋整体成型尺寸	D5.01	钢筋 x 向整体成型尺寸 1	M	2.50
					D5.02	钢筋 x 向整体成型尺寸 2	M	2.50
					D5.03	钢筋 x 向整体成型尺寸 3	M	2.50
					D5.04	钢筋 y 向整体成型尺寸 1	M	2.50
					D5.05	钢筋 y 向整体成型尺寸 2	M	2.50
					D5.06	钢筋 y 向整体成型尺寸 3	M	2.50
				钢筋绑扎	D5.01	受力筋和构造筋紧贴，无间隙	M	2.00
					D5.02	钢筋无松扣、缺扣	M	2.00
					D5.03	绑扎对保护层的影响	M	2.00
					D5.04	马凳安装准确	M	2.00

续表

评分标准		评分子标准			评分特征		评分类型 M= 测量 J= 评价	最大分值
编号	名称	编号	评分日	描述	编号	描述		
D	钢筋绑扎	D6	第二天	垫块	D6.01	正确放置保护层垫块	M	1.00
					D6.02	保护层垫块间距合理	M	1.00
		D7	第二天	成型钢筋骨架	D7.01	钢筋骨架方正、无明显倾斜，主筋端部平齐	J	5.00

二、结果分析

对照评分标准表 4-5-1，分析误差产生的原因，并讨论如何调整以减小误差，最后完成表 4-5-2。

表 4-5-2　测评结构分析

编号	名称	描述	误差	误差产生原因分析	减小误差方法
A	工作组织与沟通能力	工作组织			
		沟通能力			
B	识图与钢筋配料	下料计算			
		下料			
C	钢筋加工	钢筋加工尺寸			
D	钢筋绑扎	上部受力筋间距			
		上部构造筋位置			
		下部受力筋间距			
		下部构造筋位置			
		钢筋整体成型尺寸			

续表

编号	名称	描述	误差	误差产生原因分析	减小误差方法
D	钢筋绑扎	钢筋绑扎			
		垫块			
		成型钢筋骨架			

 评价与分析

根据每个小组成员在本活动学习过程中的表现填写“学习任务过程性考核记录表”（见附录）。

学习活动 6
板钢筋制作与安装验收总结

学习目标

1. 培养分析总结能力。
2. 能正确规范地撰写工作总结。
3. 巩固板钢筋的基本概念、类型及受力特点。
4. 培养团队协作和精益求精的精神。

建议学时

2 学时。

学习过程

一、个人、小组评价

以小组为单位，选择演示文稿、展板、海报、视频等形式中的一种或几种，向全班展示板钢筋制作与安装的作业成果。在展示的过程中，以小组为单位进行评价。评价完成后，各个小组根据其他小组成员对本组展示成果的评价意见进行归纳总结。

二、教师评价

认真听取教师对本小组展示成果优缺点及在完成工作过程中出现的亮点和不足的评价意见，并做好记录。

1. 教师对本小组展示成果优点的点评。

2. 教师对本小组展示成果缺点及改进方法的点评。

3. 教师对本小组在整个任务完成过程中出现的亮点和不足的点评。

三、板钢筋制作与安装工作过程回顾及总结

1. 总结完成板钢筋制作与安装施工任务过程中遇到的问题和困难，列举 2 ~ 3 点你认为比较值得分享的工作经验。

2. 回顾完成本学习任务的工作过程，对新学专业知识和技能进行归纳和整理，写一篇不少于 800 字的工作总结。

评价与分析

按照客观、公正和公平原则，在教师的指导下按自我评价、小组评价和教师评价三种方式对自己或他人在本学习任务中的表现进行综合评价。综合等级按A（90 ~ 100）、B（75 ~ 89）、C（60 ~ 74）、D（0 ~ 59）四个级别填写。学习任务综合评价表见表 4-6-1。

表 4-6-1　学习任务综合评价表

<table>
<tr><th rowspan="2">考核项目</th><th rowspan="2" colspan="2">评价内容</th><th rowspan="2">配分</th><th colspan="3">评价分数</th></tr>
<tr><th>自我评价</th><th>小组评价</th><th>教师评价</th></tr>
<tr><td rowspan="6">职业素养</td><td colspan="2">劳防用品穿戴完备，仪容仪表符合工作要求</td><td></td><td></td><td></td><td></td></tr>
<tr><td colspan="2">安全意识、责任意识、服从意识强</td><td></td><td></td><td></td><td></td></tr>
<tr><td colspan="2">积极参加教学活动，按时完成各项学习任务</td><td></td><td></td><td></td><td></td></tr>
<tr><td colspan="2">团队合作意识强，善于与人交流和沟通</td><td></td><td></td><td></td><td></td></tr>
<tr><td colspan="2">自觉遵守劳动纪律，尊敬师长，团结同学</td><td></td><td></td><td></td><td></td></tr>
<tr><td colspan="2">爱护公物，节约材料，现场符合“7S”管理标准</td><td></td><td></td><td></td><td></td></tr>
<tr><td rowspan="3">专业能力</td><td colspan="2">专业知识扎实，有较强的自学能力</td><td></td><td></td><td></td><td></td></tr>
<tr><td colspan="2">施工操作积极，训练刻苦，具有相应的动手能力</td><td></td><td></td><td></td><td></td></tr>
<tr><td colspan="2">施工规范，认真选取原料，注重工艺安全，工作效率高</td><td></td><td></td><td></td><td></td></tr>
<tr><td rowspan="2">工作成果</td><td colspan="2">施工流程符合工艺规范，钢筋满足施工要求</td><td></td><td></td><td></td><td></td></tr>
<tr><td colspan="2">工作总结符合要求，钢筋施工质量高</td><td></td><td></td><td></td><td></td></tr>
<tr><td colspan="3">总分</td><td></td><td></td><td></td><td></td></tr>
<tr><td colspan="2">总评</td><td>自我评价 ×20% + 小组评价 ×20% + 教师评价 ×60% =</td><td>综合等级</td><td></td><td colspan="2">教师（签字）:</td></tr>
</table>

学习任务五
墙钢筋制作与安装

学习目标

1. 能简述墙钢筋制作与安装有关的标准和规范。
2. 能绘制墙钢筋加工制作与安装工艺流程图。
3. 能操作设备工具进行剪力墙钢筋加工制作与安装。
4. 会识读剪力墙平法施工图。
5. 会进行墙钢筋下料计算。
6. 能编制和组织墙钢筋施工安全交底。
7. 会填写钢筋工程质量验收记录和施工日志。
8. 能提交准确、齐全的墙钢筋制作与安装归档资料。
9. 能愉快地与相关人员进行沟通。
10. 能利用网络资源，查看、收集完成任务需要的资料。
11. 能客观、准确地进行自评和互评。

建议学时

48 学时。

工作流程与活动

学习活动 1　获取墙钢筋制作与安装信息（4 学时）
学习活动 2　制定墙钢筋制作与安装方案（6 学时）
学习活动 3　审定墙钢筋制作与安装方案（4 学时）
学习活动 4　实施墙钢筋制作与安装方案（28 学时）
学习活动 5　墙钢筋制作与安装过程控制（4 学时）
学习活动 6　墙钢筋制作与安装验收总结（2 学时）

工作情景描述

某高教园区正在建设一幢综合实训场馆，项目总建筑面积为 799.8 m^2，框架结构，筏板基础，地上三层，无地下室。该建筑设计年限 50 年，结构安全等级为二级，抗震设防烈度为 6 度，结构抗震等级为四级，建筑总高度 10.8 m，剪力墙混凝土强度等级为 C30。目前该工程将要进行剪力墙 Q1 钢筋的制作与安装，墙钢筋施工需要的材料、工具、设备现场已准备完毕，满足加工制作和施工要求，钢筋原材料检验批质量验收合格。现工程项目部通知钢筋班组可以进行剪力墙钢筋的制作与安装工作。

钢筋班组从工程项目部领取剪力墙施工图纸和任务书，明确施工流程、内容和规范，根据剪力墙施工图纸明确剪力墙钢筋内容（墙体厚度、宽度、高度，水平分布钢筋根数及间距，竖向分布钢筋根数及间距，约束边缘构件、构造等构造及钢筋牌号，锚固长度等），完成钢筋大样图，制作下料单，写出绑扎工序，领取相关工量具；查看施工现场，明确施工地面条件，根据施工图确定所需材料，准备所需切割机和其他设备，进行钢筋下料、弯曲、布筋、绑扎安装，并进行自检、互检，最后形成记录，向工程项目部反馈并存档。

如果你是钢筋工，你准备如何进行剪力墙钢筋的制作与安装，并提交符合要求的资料？

学习活动 1
获取墙钢筋制作与安装信息

学习目标

1. 能根据工作情景描述明确任务要求，填写墙钢筋制作与安装施工工作单。
2. 会查阅资料，能编写剪力墙工程信息统计表。
3. 会识读与墙钢筋施工有关的国家制图规则和构造详图图集。
4. 能简述墙内钢筋的种类及表示方法。
5. 能明确施工现场墙钢筋制作与安装“7S”管理工作范畴。

建议学时

4 学时。

学习过程

一、填写墙钢筋制作与安装施工工作单

1. 阅读工作情景描述，用红笔画出关键词，并将关键词摘录在下面。

____

____

____

2. 查阅相关资料，根据工程项目情况填写墙钢筋制作与安装施工工作单（见表 5-1-1）。

表 5-1-1 墙钢筋制作与安装施工工作单

项目名称				接单日期	
任务名称				任务周期	
工作地点					
工作内容					
提供物料					
项目负责人姓名		联系电话		验收日期	
团队负责人姓名		联系电话		团队名称	
备注					

二、编写剪力墙工程信息统计表

小组合作，查阅资料，阅读结构施工图图纸，明确任务相关信息，编写剪力墙工程信息统计表。通过图纸重点了解综合实训场馆项目结构设计说明、剪力墙结构平面布置施工图和相关详图。

1. 查阅资料，阅读图纸，回答下面与剪力墙 Q1 有关的问题。

（1）什么是剪力墙？

（2）根据剪力墙上洞口的大小、多少及排列方式不同，可将钢筋混凝土剪力墙分为哪几类？

（3）图纸中，剪力墙 Q1 所在轴线位置为（　　　　　），墙厚（　　　　）mm。剪力墙身混凝土强度等级为（　　　　），混凝土保护层厚（　　　　　）mm。

（4）剪力墙内钢筋布置包括（　　　　　　　　　　）几种。

（5）钢筋的连接方式有（　　　　　　　　　　）几种。

2. 阅读图纸，根据任务要求编写剪力墙工程信息统计表（见表 5-1-2）。

表 5-1-2　剪力墙工程信息统计表

构件名称	信息名称	备注
剪力墙身	剪力墙墙身厚度	举例
剪力墙柱		
剪力墙梁		

小提示

剪力墙又称抗风墙或抗震墙、结构墙，是指在房屋建筑中承受风荷载或地震作用引起的水平荷载和竖向荷载（重力）的墙体，可防止结构被剪切破坏。剪力墙分为平面剪力墙和筒体剪力墙。剪力墙按结构材料又可分为钢筋混凝土剪力墙、钢板剪力墙、型钢混凝土剪力墙和配筋砌块剪力墙，其中以钢筋混凝土剪力墙最为常用。本任务中的“墙”就是指钢筋混凝土剪力墙。剪力墙钢筋如图 5-1-1 所示。

图 5-1-1　剪力墙钢筋

三、查阅国家有关规范、标准，回答问题

查阅《混凝土结构施工图平面整体表示方法制图规则和构造详图》(16G101-1)图集、《混凝土结构工程施工质量验收规范》(GB 50204—2015)、《钢筋混凝土用钢　第2部分：热轧带肋钢筋》(GB/T 1499.2—2018)等资料。

1.《混凝土结构施工图平面整体表示方法制图规则和构造详图》(16G101-1)是现行国家建筑设计图集，里面含有剪力墙平法施工制图规则和标准构造详图。图纸中把暗柱和端柱统称为边缘构件，边缘构件又分为构造边缘构件和约束边缘构件两大类。根据图集内容，完成表 5-1-3。

表 5-1-3　墙柱编号及种类

构件名称	代号	种类
构造边缘构件		
约束边缘构件		

2. 在《混凝土结构工程施工质量验收规范》(GB 50204—2015)钢筋分项工程中，找出剪力墙钢筋安装允许偏差和检验方法。

3. 查阅资料，回答下列问题。

(1)剪力墙由(　　　　)、(　　　　)和(　　　　)三类构件构成。

(2)剪力墙身的各排钢筋网设置水平分布筋和垂直分布筋。布置钢筋时，把(　　　　)放在外侧，(　　　　)放在水平分布筋的内侧。

(3)跨高比不小于 5 的连梁按框架梁设计时，代号为(　　　　)。

(4)连梁、暗梁及边框梁拉筋直径：当梁宽(　　　)时为 6 mm，当梁宽(　　　)时为 8 mm。

(5)《混凝土结构工程施工质量验收规范》规定：钢筋安装时，受力钢筋的牌号、(　　)和(　　　)必须符合设计要求，应全数检查。

(6)剪力墙洞口“JD3 350×350+2.200”，其中 +2.200 表示(　　　　)。

小提示

1. 平法是指混凝土结构施工图平面整体的表示方法。平法的特点：一是平面表示，二是整体标注。

2. 16G101–1 图集中的剪力墙结构包含“一墙、二柱、三梁”，即一种墙身、两种墙柱(暗柱、端柱)、三种墙梁(连梁、暗梁、边框梁)。

3. 剪力墙墙身的钢筋网设置水平分布筋和垂直分布筋(即竖向分布筋)，采用拉筋把外侧钢筋网和内侧钢筋网连接起来。

四、学习剪力墙钢筋有关知识

查阅资料，根据剪力墙结构施工图纸内容和标准、规范等，学习剪力墙钢筋有关知识。

1. 简述剪力墙钢筋的种类(包括墙身、墙柱、墙梁)。

2. 举例说明不同钢筋种类的标注方法，简述其表示的含义，并填写在表 5-1-4 中。

表 5-1-4　钢筋的标注方法

钢筋种类	标注方法举例	表示含义
墙身分布筋	ϕ14 @ 200	直径为 14 mm 的 HPB300 钢筋，间距为 200 mm
墙身拉筋		
柱梁纵筋		
柱梁箍筋		

3. 填写钢筋的允许偏差（见表 5-1-5）。

表 5-1-5　钢筋的允许偏差

项目	允许偏差值	检验方法	检查数量
受力钢筋沿长度方向的净尺寸			

五、贯彻生产现场“7S”管理标准

“7S”管理是建筑施工现场行之有效的管理理念。它不仅能提高工作效率，保证产品质量，降低生产成本，保持工作环境整洁有序，保证施工安全，更能提高施工人员的责任心。

查阅相关资料，在表 5-1-6 中填写墙钢筋制作与安装“7S”管理工作范畴。

表 5-1-6　墙钢筋制作与安装“7S”管理工作范畴

内容	含义与目的	墙钢筋施工工作范畴
整理（SEIRI）	将工作场所的任何物品区分为有必要的和没有必要的，除了有必要的留下来，其他的都消除掉 腾出空间，空间活用，防止误用，塑造清爽的工作场所	
整顿（SEITON）	把留下来的必要用品摆放在规定位置上，放置整齐并加以标识 工作场所一目了然，节省寻找物品的时间，营造整整齐齐的工作环境，消除过多的积压物品	

续表

内容	含义与目的	墙钢筋施工工作范畴
清扫（SEISO）	将工作场所内看得见和看不见的地方清扫干净，保持工作场所整洁 稳定品质，减少工业伤害	
清洁（SEIKETSU）	将整理、整顿、清扫进行到底并制度化，保持环境的外在美观 创造明朗现场，维持以上“3S”成果	
素养（SHITSUKE）	每一位成员养成良好的习惯，并遵守规则，培养积极主动的精神（也称习惯性） 培养有好习惯、遵守规则的员工，培养团队精神	
安全（SECURITY）	重视安全教育，要求员工每时每刻都有“安全第一”的观念，防患于未然 建立安全的生产环境，所有的工作应建立在安全的前提下	
节约（SAVING）	对时间、空间、能源等合理利用，发挥最大效能 创造高效率的、物尽其用的工作场所	

评价与分析

根据每个小组成员在本活动学习过程中的表现填写“学习任务过程性考核记录表”（见附录）。

学习活动 2
制定墙钢筋制作与安装方案

学习目标

1. 能绘制准确的墙钢筋制作与安装工艺流程图。
2. 能制订墙钢筋制作与安装进度安排计划。
3. 能编写施工设备、工具和材料统计表。
4. 能编写墙钢筋制作与安装安全交底。
5. 能知道墙钢筋的现场验收内容。
6. 能熟练应用相关办公软件。

建议学时

6 学时。

学习过程

一、查阅资料回答问题

1. 剪力墙钢筋进入现场时验收的内容包括哪些？

2. 查阅资料，应用办公软件，编写墙钢筋制作与安装安全交底（见表 5-2-1）。

表 5-2-1 墙钢筋制作与安装安全交底

工程名称		施工单位	
分项工程名称		工序名称	
交底人		交底时间	
接受人			
安全交底内容	（可填页）		
项目（专业）技术负责人			

小提示

1. 剪力墙钢筋进入现场时验收的内容

（1）查验出厂质量证明书或试验报告单。

（2）按图纸要求查标牌内容（见图 5-2-1）。

（3）查外观：平直，表面不得有裂纹、油污、老锈等。

（4）按规定抽取试样做力学性能试验等。

图 5-2-1 钢筋标牌

2. 墙钢筋制作与安装安全交底

（1）从事钢筋工程的施工人员必须戴好安全帽和手套，不得穿拖鞋和皮鞋进入施工现场。

（2）钢筋机械必须由专人进行操作，钢筋机械的接电、维修及保养也必须由专人负责。

（3）钢筋断料、配料、弯料等工作要在地面进行，不得在高空操作。

（4）搬运钢筋要注意附近有无障碍物、架空电线和其他临时电气设备，防止钢筋在回转时碰撞电线或发生触电事故。

（5）切割机使用前必须检查机械运转是否正常，有无二级漏电保护；切割机后方不得堆放易燃物品。

（6）钢筋头应及时清理，成品要堆放整齐，工作台要稳定，钢筋工作棚照明灯必须加网罩。

（7）雷雨天气必须停止露天操作，以防雷击钢筋伤人。

（8）钢筋骨架无论固定与否，均不得在其上行走等。

二、编写施工设备、工具和材料统计表

1. 看图纸，查资料，编写剪力墙 Q1 钢筋安装所需材料统计表（见表 5-2-2），如不同直径钢筋、套管、铁丝等。

表 5-2-2　剪力墙 Q1 钢筋安装所需材料统计表

剪力墙构件	钢筋牌号及直径	数量
墙身		
墙梁		
墙柱		

2. 看图纸，查资料，编写剪力墙 Q1 钢筋制作所需工具、设备统计表（见表 5-2-3），如钢卷尺、弯箍机、钢筋切断机等。

表 5-2-3　剪力墙 Q1 钢筋制作所需工具、设备统计表

钢筋加工制作所需工具			钢筋加工制作所需设备		
工具名称	规格	数量	设备名称	规格	数量

3. 看图纸，查资料，编写剪力墙 Q1 安装所需工具、设备统计表（见表 5-2-4），如电渣压力焊机、钢筋钩等。

表 5-2-4　剪力墙 Q1 安装所需工具、设备统计表

钢筋安装所需工具			钢筋安装所需设备		
工具名称	规格	数量	设备名称	规格	数量

三、绘制剪力墙钢筋制作与安装工艺流程图

查阅资料，参照剪力墙施工工艺流程资料，绘制剪力墙钢筋制作与安装工艺流程图。

小提示

剪力墙钢筋加工制作与安装的施工流程包括以下内容：安全（技术）交底、施工准备、钢筋加工制作、钢筋套丝、搬运、墙底剔凿、测量放线、调整钢筋、钢筋竖向连接、绑扎钢筋、绑扎拉钩、管线预埋、预埋件安装、安装保护层垫块、钢筋检验批质量验收、返修等。

四、编写墙钢筋制作与安装进度安排计划表

查阅资料，根据工期要求、剪力墙钢筋制作与安装工艺流程图、本组人员、材料，以及现场情况、定额等，编写墙钢筋制作与安装进度安排计划表（画横道图，见表 5-2-5）。

表 5-2-5　墙钢筋制作与安装进度安排计划表

班组：__________　　组长：__________　　成员：__________

工序名称	进度计划（学时）								
	1	2	3	4	5	6	7	8	……

小提示

1. 剪力墙梯子筋是指用剪力墙钢筋的竖向钢筋做梯子的主骨架，用长度与剪力墙厚度相同的短钢筋做梯子的“踏步”筋（间距与剪力墙水平筋相同），如图 5-2-2 所示。其用途是固定钢筋间距、位置和保护层厚度。梯子筋的两根主筋间距为墙体厚度减去 2 个保护层厚度减去 2 个水平筋厚度（水平筋外置），水平筋内置时不用减去水平筋厚度。

一般剪力墙厚度较小的情况下，可以用套管等保证墙体厚度，不需选用梯子筋。

图 5–2–2　梯子筋

2. 横道图又称甘特图、条状图。横道图通过条状图来显示项目进度，以及其他与时间相关的系统进展的内在关系随着时间的进展情况。

 评价与分析

根据每个小组成员在本活动学习过程中的表现填写“学习任务过程性考核记录表”（见附录）。

学习活动 3
审定墙钢筋制作与安装方案

学习目标

1. 能审定墙钢筋制作与安装工艺流程图。
2. 能审定墙钢筋制作与安装进度安排计划表。
3. 能审定钢筋施工设备、工具和材料统计表。
4. 能编写墙钢筋加工与安装质量检查项目。
5. 会应用墙钢筋下料长度计算公式。

建议学时

4 学时。

学习过程

一、完成墙钢筋质量检查项目表

查阅《混凝土结构工程施工质量验收规范》(GB 50204—2015)、钢筋加工检验批质量验收记录、钢筋安装检验批质量验收记录等资料，编写剪力墙钢筋制作与安装质量验收主控项目和一般项目。

小提示

剪力墙钢筋制作与安装质量验收主控项目和一般项目参照表 5-3-1 编写。

表 5-3-1 剪力墙钢筋加工检验批质量验收记录表中的验收项目

<table>
<tr><th></th><th colspan="4">验收项目</th></tr>
<tr><td rowspan="4">主控项目</td><td>1</td><td colspan="3">钢筋弯弧内直径</td></tr>
<tr><td>2</td><td colspan="3">纵向受力钢筋弯钩平直段长度</td></tr>
<tr><td>3</td><td colspan="3">箍筋、拉筋末端构造</td></tr>
<tr><td>4</td><td colspan="3">盘卷钢筋调直后的力学性能和重量偏差</td></tr>
<tr><td rowspan="4">一般项目</td><td rowspan="4">1</td><td colspan="2">钢筋加工的形状尺寸</td></tr>
<tr><td rowspan="3">钢筋加工允许偏差 /mm</td><td>受力钢筋沿长度方向的净尺寸</td></tr>
<tr><td>弯起钢筋的弯折位置</td></tr>
<tr><td>箍筋外廓尺寸</td></tr>
</table>

二、编写剪力墙 Q1 钢筋下料单

学习墙钢筋下料长度计算公式，以及与下料有关的基础知识，如保护层厚度、构造详图规定、弯曲调整值等内容，编写剪力墙 Q1 钢筋下料单（见表 5-3-2）。

表 5-3-2 剪力墙 Q1 钢筋下料单

序号	剪力墙 Q1 构件	钢筋规格	钢筋直径	钢筋下料长度计算公式
1	墙身（例）			

小提示

1. 钢筋因弯曲或弯钩其长度会发生变化，因此在配料中不能直接根据图纸中的尺寸下料，而是必须了解对混凝土保护层、钢筋弯曲、弯钩等规定，再根据图中尺寸计算其下料长度。

2. 钢筋弯曲后的特点：一是在弯曲处内皮收缩、外皮延伸、轴线长度不变；二是在弯曲处形成圆弧。钢筋的量度方法是沿直线量外包尺寸。因此，弯起钢筋的量度尺寸大于下料尺寸，两者之间的差值称为弯曲调整值。弯曲调整值根据理论推算结合实践经验，按表 5–3–3 取值。

表 5–3–3 钢筋弯曲调整值

钢筋弯曲角度 / (°)	30	45	60	90	135
钢筋弯曲调整值	0.35 d	0.5 d	0.85 d	2 d	2.5 d

注：“d”为钢筋直径。

直钢筋下料长度 = 构件长度 – 混凝土保护层厚度 + 弯钩增加长度

弯起钢筋下料长度 = 直段长度 + 斜段长度 – 弯曲调整值 + 弯钩增加长度

箍筋下料长度 = 直段长度 + 弯钩增加长度 – 弯曲调整值，或箍筋下料长度 = 箍筋周长 + 箍筋长度调整值

3. 弯钩增加长度

弯钩增加长度：半圆弯钩为 6.25 d，直弯钩为 3.5 d，斜弯钩为 4.9 d。

三、审定图表

以小组为单位，讨论、审定墙钢筋制作与安装工艺流程图、钢筋施工材料工具设备统计表及墙钢筋制作与安装进度安排计划表。

评价与分析

根据每个小组成员在本活动学习过程中的表现填写“学习任务过程性考核记录表”(见附录)。

学习活动 4
实施墙钢筋制作与安装方案

学习目标

1. 会填写墙钢筋制作与安装安全交底记录，并进行安全交底。
2. 能编写墙钢筋下料单。
3. 会加工制作墙钢筋。
4. 会按图安装墙钢筋。
5. 会填写钢筋工程质量验收记录。
6. 会填写墙钢筋施工日志。
7. 能进行钢筋及操作工具、加工设备的准备。
8. 会使用墙钢筋制作与安装所需的设备和工具。

建议学时

28 学时。

学习过程

一、学习准备

1. 小组内合作，查阅资料，看图纸，编写墙钢筋下料单。

根据图纸及钢筋下料计算公式，编写表 5-4-1“剪力墙 Q1 各构件钢筋下料单”（可参考后面小提示中的公式进行计算）。

表 5-4-1 剪力墙 Q1 各构件钢筋下料单

构件编号	钢筋名称	钢筋牌号及直径	简图	下料长度	根数	总长

2. 根据编写的墙钢筋施工所需设备、工具统计表和安全操作规程，编写墙钢筋制作与安装工具、设备操作安全注意事项（见表 5-4-2）。

表 5-4-2 墙钢筋制作与安装工具、设备操作安全注意事项

工具设备名称	用途	操作安全注意事项
钢筋扳手		
钢筋弯箍机		
电渣压力焊机		

3. 查阅各种设备、工具操作规程，熟知墙钢筋制作与安装主要设备和工具的操作顺序。

4. 根据已编写的墙钢筋制作与安装安全交底，组内讨论，分别编写墙钢筋制作（包括搬运）安全交底记录和墙钢筋安装安全交底记录。

小提示

剪力墙钢筋工程量计算

1. 在钢筋工程量计算中剪力墙是最难计算的构件，具体体现在：

（1）剪力墙包括墙身、墙梁、墙柱、洞口，必须要考虑它们的关系。

（2）剪力墙在平面上有直角、丁字角、十字角、斜交角等各种转角形式。

（3）剪力墙在立面上有各种洞口。

（4）墙身钢筋可能有单排、双排和多排，且可能每排钢筋不同。

（5）墙柱有各种箍筋组合。

（6）连梁要区分顶层与中间层，依据洞口的位置不同还有不同的计算方法。

2. 剪力墙墙身

（1）剪力墙墙身水平钢筋

1）墙端为暗柱时

①外侧钢筋连续通过外侧钢筋长度＝墙长－保护层内侧钢筋＝墙长－保护层＋弯折。

②外侧钢筋不连续通过外侧钢筋长度＝墙长保护 $+0.65L_{ae}$。

③内侧钢筋长度＝墙长－保护层＋弯折水平钢筋根数＝层高 / 间距 +1（暗梁、连梁墙身水平筋照设）。

2）墙端为端柱时

①外侧钢筋连续通过外侧钢筋长度＝墙长－保护层。

内侧钢筋＝墙净长＋锚固长度（弯锚、直锚）。

②外侧钢筋不连续通过外侧钢筋长度＝墙长－保护层 $+0.65\,L_{ae}$。

内侧钢筋长度＝墙净长＋锚固长度（弯锚、直锚）。

水平钢筋根数＝层高 / 间距 +1。

（暗梁、连梁墙身水平筋照设。）

注意：如果剪力墙存在多排垂直筋和水平钢筋时，其中间水平钢筋在拐角处的锚固措施同该墙的内侧水平筋的锚固构造。

3）当剪力墙墙身有洞口时，墙身水平筋在洞口左右两边截断，分别向下弯折 15 d。

（2）剪力墙墙身竖向钢筋

1）首层墙身纵筋长度＝基础插筋＋首层层高＋伸入上层的搭接长度。

2）中间层墙身纵筋长度＝本层层高＋伸入上层的搭接长度。

3）顶层墙身纵筋长度＝层净高＋顶层锚固长度。

墙身竖向钢筋根数＝墙净长 / 间距 +1（墙身竖向钢筋从暗柱、端柱边 50 mm 开始布置）。

4）剪力墙墙身有洞口时，墙身竖向筋在洞口上下两边截断，分别横向弯折 15 d。

（3）墙身拉筋

1）长度＝墙厚 – 保护层 + 弯钩长度。

2）根数＝墙净面积 / 拉筋的布置面积。

注：墙净面积 = 墙面积 – 门洞总面积 – 暗柱剖面积 – 暗梁面积；拉筋的布置面积 = 其横向间距 × 竖向间距。

例：（8 000×3 840）/（600×600）=86（根）。

3. 剪力墙墙柱

纵筋：首层墙柱纵筋长度＝基础插筋＋首层层高＋伸入上层的搭接长度；中间层墙柱纵筋长度＝本层层高＋伸入上层的搭接长度；顶层墙柱纵筋长度＝层净高＋顶层锚固长度。

注意：如果是端柱，顶层锚固要区分边、中、角柱，区分外侧钢筋和内侧钢筋。因为端柱可以看作是框架柱，所以其锚固也与框架柱相同。

箍筋：依据设计图纸自由组合计算。

4. 剪力墙墙梁

连梁：受力主筋顶层连梁主筋长度＝洞口宽度＋左右两边锚固值 L_{ae}；中间层连梁纵筋长度＝洞口宽度＋左右两边锚固值 L_{ae}；箍筋顶层连梁，纵筋长度范围内均布置箍，即 N=［（L_{ae}–100）/150+1］×2+（洞口宽 –50×2）/ 间距 +1（顶层）；中间层连梁，洞口范围内布置箍筋，洞口两边再各加一根，即 N=（洞口宽 –50×2）/ 间距 +1（中间层）。

暗梁：主筋长度＝暗梁净长＋锚固。

二、进行墙钢筋加工制作操作

做好材料、工具、设备的准备，小组内合作，按照加工制作工艺流程图进行墙钢筋加工制作操作。

1. 组长在钢筋加工制作前进行安全交底。

2. 按照钢筋下料单、设备操作顺序、钢筋加工工艺流程、进度计划表等，在计划时间内在钢筋加工棚（见图 5-4-1）正确操作加工设备，合作进行墙钢筋加工制作。利用人工或塔吊把加工的墙钢筋运到安装现场，并按照“7S”管理标准整理场地。

图 5-4-1　钢筋加工棚

3. 检查制作的钢筋，填写钢筋加工检验批质量验收记录表（见表 5-4-3）。

表 5-4-3　钢筋加工检验批质量验收记录表

<table>
<tr><td colspan="3">单位（子单位）工程名称</td><td colspan="3"></td></tr>
<tr><td colspan="3">分部（子分部）工程名称</td><td colspan="1"></td><td>验收部位</td><td></td></tr>
<tr><td>施工单位</td><td colspan="3"></td><td>项目经理</td><td></td></tr>
<tr><td colspan="3">施工执行标准名称及编号</td><td colspan="3"></td></tr>
<tr><td colspan="4">施工质量验收规范的规定</td><td>施工单位检查评定记录</td><td>监理（建设）单位验收记录</td></tr>
<tr><td rowspan="5">主控项目</td><td>1</td><td>力学性能检验</td><td>第　条</td><td></td><td rowspan="5"></td></tr>
<tr><td>2</td><td>抗震用钢筋强度实测值</td><td>第　条</td><td></td></tr>
<tr><td>3</td><td>化学成分等专项检验</td><td>第　条</td><td></td></tr>
<tr><td>4</td><td>受力钢筋的弯钩和弯折</td><td>第　条</td><td></td></tr>
<tr><td>5</td><td>箍筋弯钩形式</td><td>第　条</td><td></td></tr>
</table>

续表

<table>
<tr><th colspan="5">施工质量验收规范的规定</th><th colspan="8">施工单位检查评定记录</th><th>监理（建设）单位验收记录</th></tr>
<tr><td rowspan="5">一般项目</td><td>1</td><td colspan="2">外观质量</td><td>第　条</td><td colspan="8"></td><td rowspan="2"></td></tr>
<tr><td>2</td><td colspan="2">钢筋调直</td><td>第　条</td><td colspan="8"></td></tr>
<tr><td rowspan="3">3</td><td rowspan="3">钢筋加工的形状、尺寸</td><td>受力钢筋顺长度方向全长的净尺寸</td><td>± 10</td><td></td><td></td><td></td><td></td><td></td><td></td><td></td><td></td><td rowspan="3"></td></tr>
<tr><td>弯起钢筋的弯折位置</td><td>± 20</td><td></td><td></td><td></td><td></td><td></td><td></td><td></td><td></td></tr>
<tr><td>箍筋外廓尺寸</td><td>± 5</td><td></td><td></td><td></td><td></td><td></td><td></td><td></td><td></td></tr>
<tr><td colspan="3" rowspan="2">施工单位检查评定结果</td><td colspan="2">专业工长（施工员）</td><td colspan="5"></td><td colspan="3">施工班组长</td><td></td></tr>
<tr><td colspan="11">项目专业质量检查员：　　　　年　　月　　日</td></tr>
<tr><td colspan="3">监理（建设）单位验收结论</td><td colspan="11">专业监理工程师：
（建设单位项目专业技术负责人）：　　　　年　　月　　日</td></tr>
</table>

4. 填写墙钢筋制作施工日志，参考表 5-4-4。

表 5-4-4　墙钢筋制作施工日志

<table>
<tr><td colspan="3">× × × × 年 × 月 × 日　星期四</td><td colspan="3">天气：晴　气温：25 ℃
风力：2 ~ 3 级　风向：东南风</td></tr>
<tr><td>当日工程施工部位</td><td>二层</td><td>当日工程施工内容</td><td>砌砖、绑扎钢筋</td><td>当日工程形象进度</td><td>二层①～⑩轴 / A ～ H 轴</td></tr>
</table>

1. 二层①～⑫轴 / A ～ H 轴砌砖。

2. 瓦工组：瓦工 16 人、普工 8 人。电工组 1 人。机械工 4 人。

3. 项目技术负责人 × × × 与瓦工班组长 × × × 进行技术交底及安全技术交底，并签字形成记录。

4. 砂浆搅拌机于 11 点进行试运转，运转正常；同时进行开盘鉴定，监理工程师 × × × 参加，测定其材料含水率，调整砂浆配合比。

5. 制作 M7.5 混合砂浆试块两组，其编号分别为 20030720-05 和 20030720-06，取样员 × × ×，监理见证取样员 × × ×。

6. 质检员对砂浆饱满度测试三次，分别为 89%、92%、91%，抽测合格，并形成记录。

7. 下午 4 时安全员在例行检查时发现瓦工组一人施工时未戴安全帽，现场罚款瓦工班组长现金 10 元并警告一次。

今日检（试）验情况	一层柱的两组试块，强度等级 C20，检验合格
备注	

小提示

钢筋加工检验批质量验收记录表说明

一、主控项目

1. 按现行国家标准等规定，抽取试件做力学性能检验；检查产品合格证和复验报告。

2. 有抗震要求的框架结构检验纵向受力钢筋的强度。当设计无要求时，一、二级抗震等级应符合下列要求：

（1）钢筋抗拉强度实测值与屈服强度实测值的比值不小于1.25。

（2）钢筋屈服强度实测值与强度标准的比值不大于1.3。检查钢筋复试报告。

3. 当钢筋发生脆断、焊接性能不良或力学性能显著不正常时，应对该批钢筋进行化学成分检验或其他专项检验。检查化学成分等专项检验报告。

4. 受力钢筋弯钩和弯折应符合下列规定：

（1）HPB300级钢筋末端应作180°弯钩，其弯弧内直径不小于钢筋直径的2.5倍，弯后平直部分不小于钢筋直径的3倍。

（2）HRB400级、RRB400级钢筋的弯弧内直径不小于钢筋直径的4倍。

（3）500 MPa级带肋钢筋，当直径为28 mm以下时，弯弧内直径不应小于钢筋直径的6倍；当直径为28 mm及以上时，弯弧内直径不应小于钢筋直径的7倍。

5. 除焊接封闭环式筋外，箍筋末端均应有弯钩，且形式符合设计要求。设计无要求时，应符合下列规定：

（1）弯弧内直径应满足第4项要求，且应不小于受力钢筋直径。

（2）弯折角度：一般结构不应小于90°，有抗震要求结构不应小于135°。

（3）弯后平直部分长度：一般结构不应小于筋直径的5倍，有抗震要求的结构不应小于筋直径的10倍。

二、一般项目

1. 钢筋应平直、无损伤，表面不得有裂纹、油污、颗粒状或片状老锈。观察检查。

2. 钢筋调查采用冷拉法时，HPB300级钢筋的冷拉率宜不大于2%，HRB400级、RRB400级钢筋的冷拉率宜不大于1%。观察及检查。

3. 钢筋加工的形状尺寸应符合设计要求，加工尺寸偏差率应符合表 5-4-5 要求，采用尺量检查。

表 5-4-5　钢筋加工尺寸偏差率

项目	允许偏差 /mm
受力钢筋沿长度方向的净尺寸	± 10
弯起钢筋的弯折位置	± 20
箍筋外廓尺寸	± 5

三、按照安装工艺流程图进行墙钢筋安装操作

墙钢筋制作完成后，做好材料、工具、设备的准备，小组内合作，按照安装工艺流程图进行墙钢筋安装操作。

1. 组长在墙钢筋安装制作前进行安全交底。

2. 按照施工图纸、墙钢筋安装工艺流程图、进度计划表及图纸、规范要求等，在计划时间内，在剪力墙安装现场合作完成墙钢筋的安装，并按照“7S”管理标准整理场地。注意剪力墙钢筋绑扎要规范，绑扎丝丝头朝向构件内部，避免生成锈点，如图 5-4-2 所示。

图 5-4-2　绑扎丝丝头

3. 检查安装的钢筋墙，填写钢筋安装工程检验批质量验收记录表（见表 5-4-6）。

表 5-4-6　钢筋安装工程检验批质量验收记录表

<table>
<tr><td colspan="5">单位（子单位）工程名称</td><td colspan="11"></td></tr>
<tr><td colspan="5">分部（子分部）工程名称</td><td colspan="7"></td><td colspan="3">验收部位</td><td></td></tr>
<tr><td colspan="2">施工单位</td><td colspan="10"></td><td colspan="3">项目经理</td><td></td></tr>
<tr><td colspan="2">分包单位</td><td colspan="8"></td><td colspan="5">分包项目经理</td><td></td></tr>
<tr><td colspan="5">施工执行标准名称及编号</td><td colspan="11"></td></tr>
<tr><td colspan="6" rowspan="2">施工质量验收规范的规定</td><td colspan="9">施工单位检查评定记录</td><td rowspan="2">监理（建设）验收</td></tr>
<tr><td>1</td><td>2</td><td>3</td><td>4</td><td>5</td><td>6</td><td>7</td><td>8</td><td>9</td></tr>
<tr><td rowspan="3">主控项目</td><td>1</td><td colspan="3">纵向受力钢筋的连接方式</td><td>第　条</td><td colspan="9"></td><td rowspan="3"></td></tr>
<tr><td>2</td><td colspan="3">机械连接和焊接接头的力学性能</td><td>第　条</td><td colspan="9"></td></tr>
<tr><td>3</td><td colspan="3">受力钢筋的品种、级别规格和数量</td><td>第　条</td><td colspan="9"></td></tr>
<tr><td rowspan="19">一般项目</td><td>1</td><td colspan="3">接头位置和数量</td><td>第　条</td><td colspan="9"></td><td rowspan="19"></td></tr>
<tr><td>2</td><td colspan="3">机械连接、焊接的外观质量</td><td>第　条</td><td colspan="9"></td></tr>
<tr><td>3</td><td colspan="3">机械连接、焊接的接头面积百分率</td><td>第　条</td><td colspan="9"></td></tr>
<tr><td>4</td><td colspan="3">机械连接、焊接的接头面积百分率和搭接长度</td><td>第　条</td><td colspan="9"></td></tr>
<tr><td>5</td><td colspan="3">搭接长度范围内的筋</td><td>第　条</td><td colspan="9"></td></tr>
<tr><td rowspan="14">6</td><td rowspan="2">绑扎钢筋网</td><td colspan="2">长、宽 /mm</td><td>± 10</td><td></td><td></td><td></td><td></td><td></td><td></td><td></td><td></td><td></td></tr>
<tr><td colspan="2">网眼尺寸 /mm</td><td>± 20</td><td></td><td></td><td></td><td></td><td></td><td></td><td></td><td></td><td></td></tr>
<tr><td rowspan="2">绑扎钢筋骨架</td><td colspan="2">长 /mm</td><td>± 10</td><td></td><td></td><td></td><td></td><td></td><td></td><td></td><td></td><td></td></tr>
<tr><td colspan="2">宽、高 /mm</td><td>± 5</td><td></td><td></td><td></td><td></td><td></td><td></td><td></td><td></td><td></td></tr>
<tr><td rowspan="5">受力钢筋</td><td colspan="2">间距 /mm</td><td>± 10</td><td></td><td></td><td></td><td></td><td></td><td></td><td></td><td></td><td></td></tr>
<tr><td colspan="2">排距 /mm</td><td>± 5</td><td></td><td></td><td></td><td></td><td></td><td></td><td></td><td></td><td></td></tr>
<tr><td rowspan="3">保护层厚度 /mm</td><td>基础</td><td>± 10</td><td></td><td></td><td></td><td></td><td></td><td></td><td></td><td></td><td></td></tr>
<tr><td>柱、梁</td><td>± 5</td><td></td><td></td><td></td><td></td><td></td><td></td><td></td><td></td><td></td></tr>
<tr><td>板、墙、壳</td><td>± 3</td><td></td><td></td><td></td><td></td><td></td><td></td><td></td><td></td><td></td></tr>
<tr><td colspan="3">绑扎箍筋、横向钢筋间距 /mm</td><td>± 20</td><td></td><td></td><td></td><td></td><td></td><td></td><td></td><td></td><td></td></tr>
<tr><td colspan="3">钢筋弯起点位置 /mm</td><td>± 20</td><td></td><td></td><td></td><td></td><td></td><td></td><td></td><td></td><td></td></tr>
<tr><td rowspan="2">预埋件</td><td colspan="2">中心线位置 /mm</td><td>5</td><td></td><td></td><td></td><td></td><td></td><td></td><td></td><td></td><td></td></tr>
<tr><td colspan="2">水平高差 /mm</td><td>+3，0</td><td></td><td></td><td></td><td></td><td></td><td></td><td></td><td></td><td></td></tr>
</table>

续表

<table>
<tr><th rowspan="2">施工质量验收规范的规定</th><th colspan="9">施工单位检查评定记录</th><th rowspan="2">监理（建设）验收</th></tr>
<tr><th>1</th><th>2</th><th>3</th><th>4</th><th>5</th><th>6</th><th>7</th><th>8</th><th>9</th></tr>
<tr><td rowspan="2">施工单位检查评定结果</td><td colspan="10">专业工长（施工员） | | 施工班组长 |</td></tr>
<tr><td colspan="10">项目专业质量检查员： 年 月 日</td></tr>
<tr><td>监理（建设）单位验收结论</td><td colspan="10">专业监理工程师：
（建设单位项目专业技术负责人）： 年 月 日</td></tr>
</table>

4. 填写墙钢筋安装施工日志。

小提示

钢筋安装工程检验批质量验收记录说明

一、主控项目

1. 纵向受力钢筋的连接方式应符合设计要求。观察检查。

2. 连接接头力学性能：按《钢筋机械连接技术规程》（JGJ 107—2010）和《钢筋焊接及验收规程》（JGJ 18—2012）的规定抽取钢筋连接接头、焊接接头试件做力学性能检查，其质量应符合规定。检查接头力学试验报告。

3. 钢筋安装时，受力钢筋品种、级别、规格和数量应符合设计要求。观察和尺量检查。

二、一般项目

1. 钢筋接头宜设置在受力较小处，同一纵向受力钢筋不宜设置两个或两个以上的接头，接头末端至钢筋弯起点的距离不少于钢筋直径的10倍。观察和尺量检查。

2. 机械连接、焊接接头的外观质量应符合《钢筋机械连接技术规程》（JGJ 107—2010）和《钢筋焊接及验收规程》（JGJ 18—2012）的规定。观察检查。

3. 设置在同一构件内的受力钢筋接头宜相互错开，其同一级内纵向受力钢筋的接头面积百分率应符合设计要求。当设计无要求时，应符合下列规定：

（1）在受拉区接头面积百分率不宜大于50%。

（2）接头不宜设置在有抗震设防要求的框架梁端、柱端的箍筋加密区。

当无法避开时，对等强度高质量机械连接接头的接头面积百分率不宜大于50%。

（3）直接承受动力荷载的结构构件中，不宜采用焊接接头。当采用机械连接接头时，接头面积百分率不宜大于50%。

4. 同一构件中相邻纵向受力钢筋绑扎接头宜相互错开，绑扎接头中钢筋的横向净距不宜小于钢筋直径，且不宜小于25 mm。同一连接区段内有搭接接头的纵向受力钢筋接头面积百分率应符合设计要求；当设计无要求时，应符合下列规定：

（1）对梁类、板类及墙类构件，接头面积百分率不宜大于25%。

（2）对柱类构件，接头面积百分率不宜大于50%。

（3）当工程中确有必要增大接头面积百分率时，对梁类构件，接头面积百分率不宜大于50%；对其他构件，可根据实际情况放宽。观察尺量检查。

（4）纵向受力钢筋绑扎搭接接头的最小搭接长度应符合混凝土结构工程施工质量验收规范的规定。

5. 在梁柱构件的纵向受力钢筋搭接区内应按设计要求配置箍筋，当设计无要求时应符合：

（1）箍筋直径不宜小于搭接钢筋较大直径的0.25倍。

（2）受拉搭接区段的箍筋间距不宜大于搭接钢筋较小直径的5倍，且不宜大于100 mm。

（3）受压搭接区段的箍筋间距不宜大于搭接钢筋较小直径的10倍，且不宜大于200 mm。

（4）当柱中纵向受力钢筋直径大于25 mm时，应在搭接接头两个端面外100 mm范围内各设置两个箍筋，其间距宜为50 mm。尺量检查。

6. 钢筋安装位置允许偏差见《混凝土结构工程施工质量验收规范》（GB 50204—2015）。

评价与分析

根据每个小组成员在本活动学习过程中的表现填写“学习任务过程性考核记录表”（见附录）。

学习活动 5
墙钢筋制作与安装过程控制

学习目标

1. 能进行墙钢筋安装自检和互检，并填写验收记录。
2. 会填写整改通知单。
3. 能正确使用墙钢筋安装质量检查工具。

建议学时

4 学时。

学习过程

一、学习墙钢筋安装自检、互检验收记录内容

查阅资料，学习墙钢筋安装自检、互检验收记录内容。

二、对照国家规范，各组自检、互检

对照国家规范，各组自检，然后调换互检，并填写钢筋自检（互检）记录表（见表 5-5-1），完成钢筋隐蔽工程检查验收记录（见表 5-5-2）。

表 5-5-1　钢筋自检（互检）记录表

工程名称		分项工程名称	
检查部位		检查时间	
检查情况	检查项目		检查结果
	墙、柱根部是否凿毛及清理		
	钢筋型号及尺寸是否符合要求		
	箍筋、拉筋弯钩是否符合要求		
	钢筋绑扎间距偏差是否符合要求		
	钢筋保护层垫块是否符合要求		
	定位钢筋（或梯子筋）是否绑扎		
	钢筋接头位置是否符合要求		
	钢筋是否有局部翘起现象，无保护层		
	拉筋横向、竖向间距是否符合要求		
检查班组		检查意见	

表 5-5-2　钢筋隐蔽工程检查验收记录

工程名称	××× 办公楼			
隐检项目	钢筋工程	隐检日期		×××× 年 × 月 × 日
隐检部位	柱	层	一	1 ~ 12 轴线 ±0.000 ~ +2.800 标高

隐检依据：施工图图号＿＿＿＿×××＿＿＿＿，设计变更 / 洽商（编号＿＿＿＿＿＿）及有关国家现行标准等。

主要受力钢筋规格、型号：4Φ14，Φ8 箍筋间距 @150

隐蔽内容	质量状况	备注
各种直径钢筋接头方法	符合规范要求	采用搭接
各种直径钢筋搭接长度	符合设计要求	
钢筋接头位置	符合规范要求	
同一截面接头占总面积百分率 /%	50	
钢筋是否锈蚀，锈蚀程度及除锈情况	钢筋表面清洁无锈蚀	
保护层厚度	符合设计要求	

续表

隐蔽内容	质量状况	备注
限位措施	可行	采用塑料限位卡
钢筋代换情况	无钢筋代换	
其他	无	

图示：

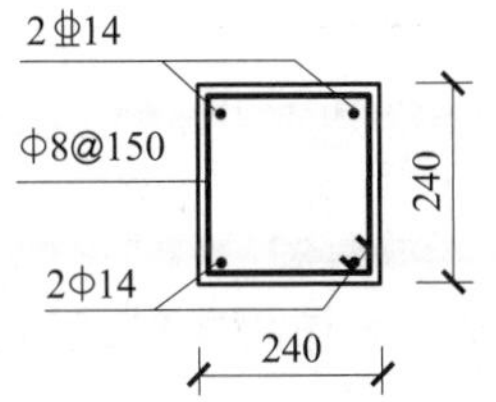

检查验收意见	经检查验收，该部位钢筋隐蔽工程符合设计要求及规范规定，同意验收		
施工单位项目（专业）技术负责人		监理工程师（建设单位项目专业负责人）	

三、填写整改通知单

对不合格的检查项目，参照表 5-5-3 填写墙钢筋整改通知单。

表 5-5-3　墙钢筋整改通知单

接收单位		接收人	
工程名称		整改部位	

整改内容：

你方在 ×× 仓库东管理区钢筋绑扎过程中存在以下问题：

1. 部分底部钢筋在跨中搭接，部分顶部钢筋在支座处搭接。
2. 箍筋尺寸不符合要求，保护层厚度每边超出要求 2 cm。
3. 主次梁相交处，主梁未加附加箍筋。
4. KZ 箍筋拉钩端全为 90° 弯钩，并且部分单肢箍未与竖向钢筋绑扎。

针对你方现场出现的问题，现对你方施工做出如下要求：

1. 及时向我方递交钢筋下料单，于 ×××× 年 × 月 × 日 12：00 前交到本项目部。
2. WKL 和 L 通长设置的钢筋，顶部纵筋的接头位置应避开梁端 1/3 梁净跨范围，底部纵筋的接头位置应避开梁端箍筋加密区及跨中 1/3 梁净跨范围。
3. 将 KZ 箍筋拉钩一端为 90° 的弯钩弯至 135°，箍筋全数绑扎。
4. 现要求你方于 ×××× 年 × 月 × 日 18 点前完成上述整改内容，届时如果你方仍未完成，我方将处以你方 1 000 元罚款。

检查人：　　　　　　年　　月　　日

续表

<table>
<tr><td>完成期限</td><td>年　月　日</td><td>制定验证人</td><td></td></tr>
<tr><td colspan="4">处理情况及自检结果：

自检人：　　　　年　月　日</td></tr>
<tr><td colspan="4">验证记录：

验证人：　　　　年　月　日</td></tr>
</table>

评价与分析

根据每个小组成员在本活动学习过程中的表现填写“学习任务过程性考核记录表”（见附录）。

学习活动 6
墙钢筋制作与安装验收总结

学习目标

1. 能提交准确、齐全的墙钢筋制作与安装归档资料。
2. 知道墙钢筋成品保护注意事项。
3. 能编制资料移交清单。
4. 能客观、准确地进行自评和互评。

建议学时

2 学时。

学习过程

一、学习资源

查阅《建筑工程文件归档整理规范》（GB/T 50328—2014），了解归档文件及其质量要求，并完成下面问题。

1. 归档的纸质工程文件应为（　　　　）。

2. 对与工程建设有关的重要活动，记载工程建设主要过程和现状、具有（　　　　）的各种载体的文件均应收集齐全，整理立卷后（　　　　）。

3. 工程文件应采用（　　　　　　　　）等耐久性强的书写材料，不得使用（　　　　　　　　　　　　　　）等易褪色的书写材料。

4. 组卷应（　　　　），厚度不宜超过 50 mm，同卷内不应有重复材料。

二、整理资料，提交项目部

组长配合项目部检查验收，按规范整理钢筋加工制作、安装工程检验批质量验收记录表、施工日志、整改通知单等资料，提交项目部。

三、整理现场，提交项目部验收

了解墙钢筋成品保护的注意事项，整理现场，保护成品，提交项目部验收。

评价与分析

小组成员对整个学习活动进行自评和互评，并填写活动评价表（见表 5-6-1）。

表 5-6-1 活动评价表

项目	自我评价（20%）			小组评价（40%）			教师评价（40%）		
	11 ~ 20	6 ~ 10	1 ~ 5	21 ~ 40	11 ~ 20	1 ~ 10	21 ~ 40	11 ~ 20	1 ~ 10
任务明确程度									
收集信息									
任务完成情况									
“7S”管理									
学习主动性									
承担工作表现									
工作纪律									
协作精神									
时间观念									
总评									

学习任务六
楼梯钢筋制作与安装

学习目标

1. 掌握楼梯结构施工详图平法识图和楼梯钢筋构造。
2. 掌握楼梯钢筋制作与安装施工过程。
3. 掌握楼梯钢筋施工方案编制方法，了解现场管理方法。
4. 掌握楼梯钢筋质量测评体系和质量控制方法。
5. 掌握楼梯的基本概念、力学模型及受力特点。
6. 培养团队协作和精益求精的精神。
7. 培养学习能力和动手能力，能快速掌握新技能和新方法。

建议学时

32 学时。

工作流程与活动

学习活动 1　获取楼梯钢筋制作与安装信息（2 学时）
学习活动 2　制定楼梯钢筋制作与安装方案（6 学时）
学习活动 3　审定楼梯钢筋制作与安装方案（4 学时）
学习活动 4　实施楼梯钢筋制作与安装方案（14 学时）
学习活动 5　楼梯钢筋制作与安装过程控制（4 学时）
学习活动 6　楼梯钢筋制作与安装验收总结（2 学时）

工作情景描述

某样板房项目将进行楼梯钢筋施工，现需要钢筋工根据样板房楼梯施工图进行楼梯钢筋加工与绑扎。

考虑到本工程的重要性，现场施工单位项目部要求技术部门要严格控制楼梯钢筋加工与绑扎的施工工艺（钢筋下料、加工、绑扎）和施工质量（钢筋成型尺寸、钢筋间距及相关构造措施等），并责成质量部门在施工过程中跟踪监督，加强管理；项目部要求施工员根据《混凝土结构工程施工质量验收规范》（GB 50204—2015）、《世界技能标准规范》（WSSS）等相关测评标准，按“7S”管理标准管理施工现场，进行自检和互检，形成记录，最后向工程项目部反馈并存档。

假如你是施工员，其余小组成员是钢筋班组成员，你应该如何做呢?

学习活动 1
获取楼梯钢筋制作与安装信息

学习目标

1. 巩固楼梯结构施工详图平法识图和楼梯钢筋构造的有关知识，掌握楼梯钢筋加工与安装施工流程。
2. 掌握楼梯的基本概念、类型及受力特点。
3. 培养团队协作和精益求精的精神。

建议学时

2 学时。

学习过程

一、认知楼梯钢筋制作与安装

作为一名建筑施工专业的学生，你在日常生活中见到过哪些类型的楼梯结构？请在教师的带领下，走进建筑实体模型室和 VR 实训室，认识不同的楼梯类型及不同类型的楼梯钢筋。同时，请查阅楼梯钢筋制作与安装的相关资料，在表 6-1-1 和表 6-1-2 中写出两种常见楼梯的主要特点及应用范围。图 6-1-1 为 AT 型楼梯板分离式配筋构造图，图 6-1-2 为 AT 型楼梯双层双向配筋构造图。

表 6-1-1　楼梯分类（按结构形式分类）

楼梯类型	示意图	主要特点及应用范围
板式楼梯	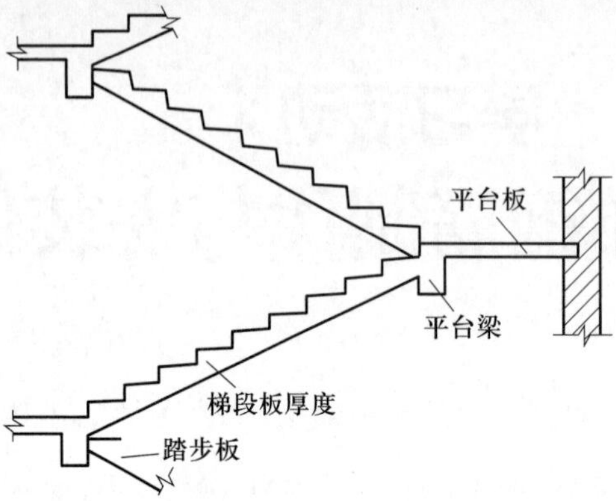	
梁式楼梯	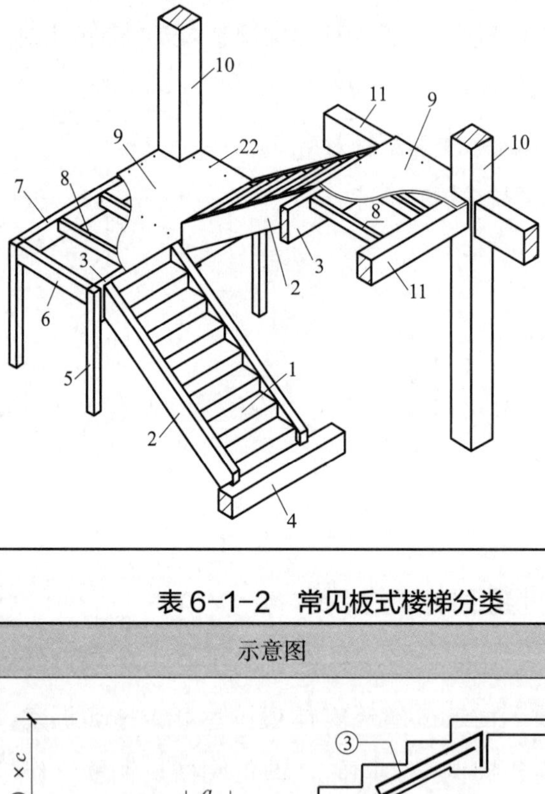	

表 6-1-2　常见板式楼梯分类

楼梯类型	示意图	主要特点
A 型 （／）	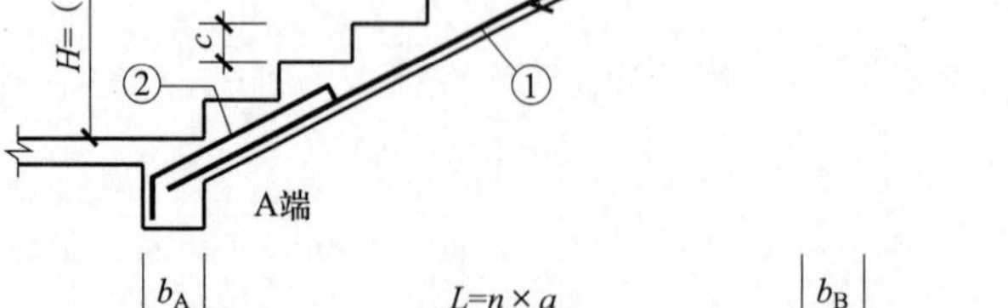	

续表

楼梯类型	示意图	主要特点
B 型 （ ＿╱ ）		
C 型 （ ╱￣ ）		
D 型 （ ＿╱￣ ）		

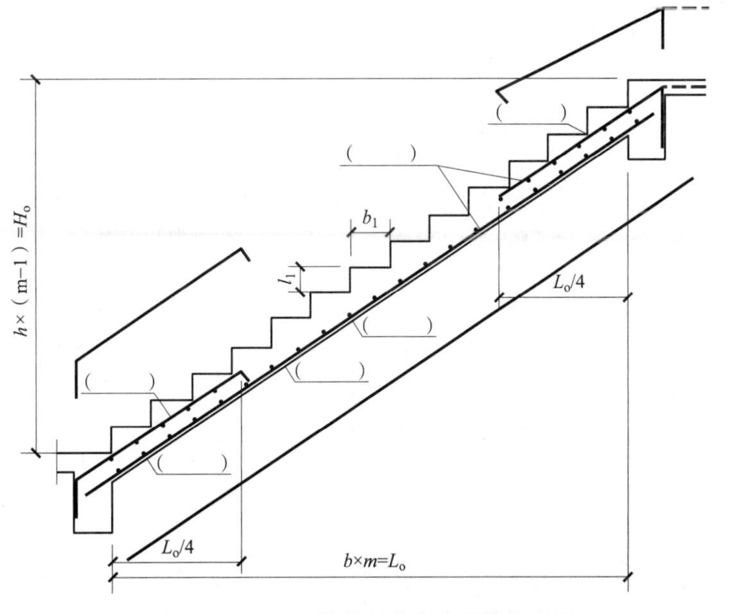

图 6-1-1　AT 型楼梯板分离式配筋构造图

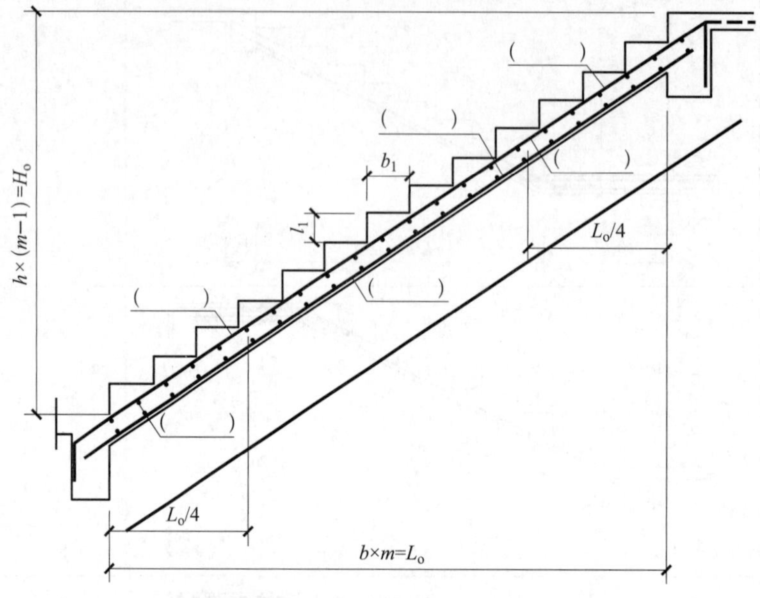

图 6-1-2　AT 型楼梯双层双向配筋构造图

二、楼梯钢筋平法识图

1. 完成图 6-1-3 所示楼梯施工图表达方式，并将图 6-1-4 中的集中标注以列表形式表示在表 6-1-3 中。

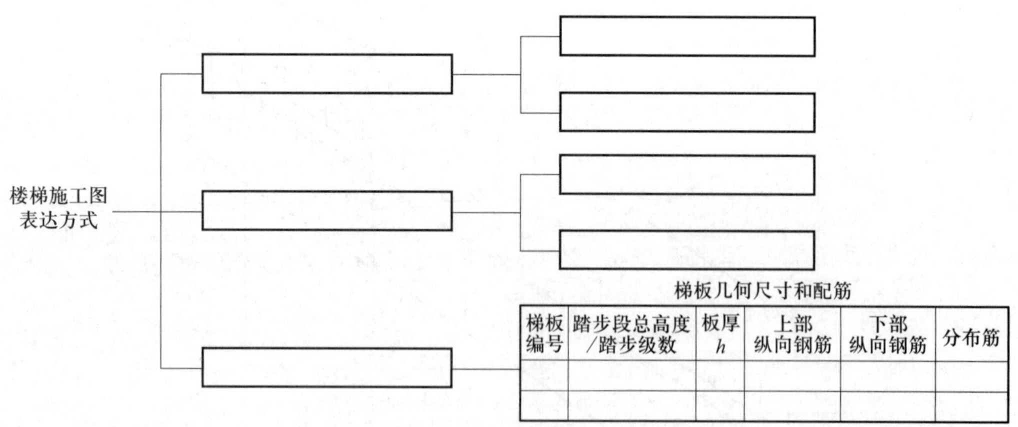

梯板编号	踏步段总高度/踏步级数	板厚 h	上部纵向钢筋	下部纵向钢筋	分布筋

图 6-1-3　楼梯施工图表达方式

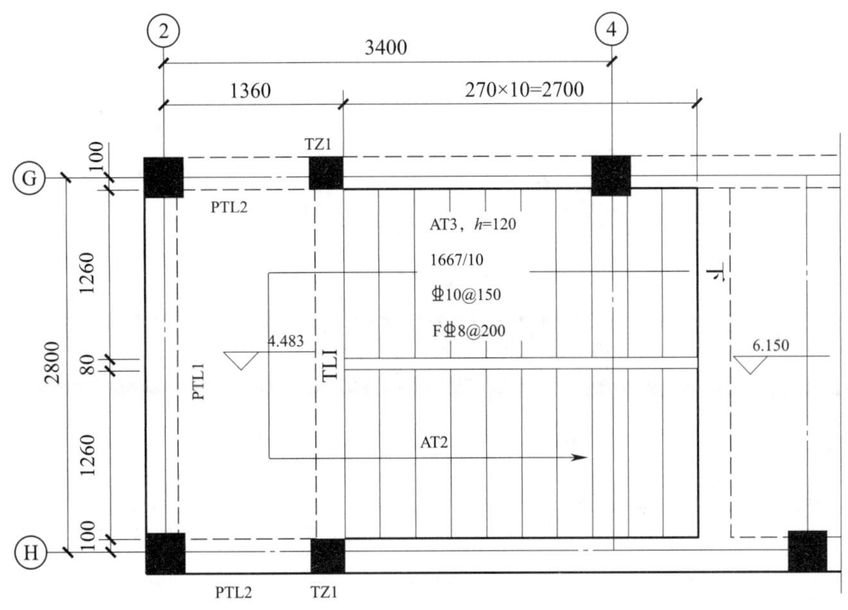

图 6-1-4　某楼梯三层平面

表 6-1-3　楼梯平法标注列表式表示

楼梯编号	踏步段总高度 / 踏步级数	板厚 h	上部纵向钢筋	下部纵向钢筋	分布筋

2. 通过电子设备观看整个板式楼梯（AT）的钢筋制作与安装过程，观看结束后，教师引导学生完成图 6-1-5。

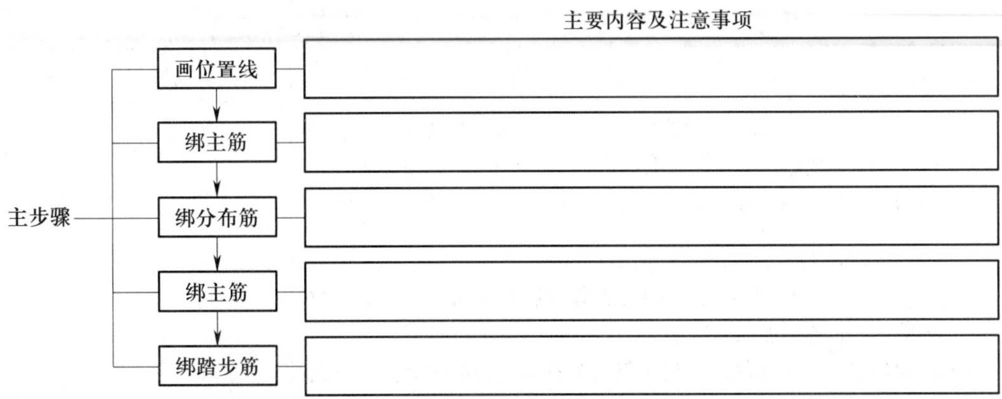

图 6-1-5　楼梯钢筋制作工艺流程图

3. 根据图 6-1-6，简述 AT 型楼梯梯段的受力特点和计算过程。

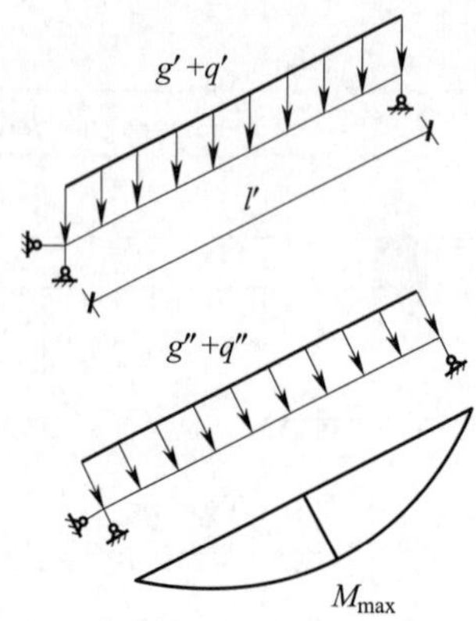

图 6-1-6　AT 型楼梯梯段计算简图

AT 型楼梯梯段的受力特点和计算过程：____

____

____

____

____

____。

三、贯彻生产现场“7S”管理标准

“7S”管理是现代企业行之有效的现场管理理念和方法，它能提高工作效率、保证产品质量，使工作环境整洁有序，且以预防为主，保证安全。查阅相关资料，说明楼梯钢筋施工现场“7S”管理相应的工作范畴，并填写在表 6-1-4 中。

表 6-1-4　楼梯钢筋施工现场“7S”管理工作范畴

内容	含义与目的	楼梯钢筋施工工作范畴
整理（SEIRI）	将工作场所的任何物品区分为有必要的和没有必要的，除了有必要的留下来，其他的都消除掉 腾出空间，空间活用，防止误用，塑造清爽的工作场所	
整顿（SEITON）	把留下来的必要用品摆放在规定位置上，放置整齐并加以标识 工作场所一目了然，节省寻找物品的时间，营造整整齐齐的工作环境，消除过多的积压物品	

续表

内容	含义与目的	楼梯钢筋施工工作范畴
清扫 （SEISO）	将工作场所内看得见和看不见的地方清扫干净，保持工作场所整洁 稳定品质，减少工业伤害	
清洁 （SEIKETSU）	将整理、整顿、清扫进行到底并制度化，保持环境的外在美观 创造明朗现场，维持以上“3S”成果	
素养 （SHITSUKE）	每一位成员养成良好的习惯，并遵守规则，培养积极主动的精神（也称习惯性） 培养有好习惯、遵守规则的员工，培养团队精神	
安全 （SECURITY）	重视安全教育，要求员工每时每刻都有“安全第一”的意识，防患于未然 建立安全的生产环境，所有的工作应建立在安全的前提下	
节约 （SAVING）	对时间、空间、能源等合理利用，发挥最大效能 创造高效、物尽其用的工作场所	

评价与分析

根据每个小组成员在本活动学习过程中的表现填写“学习任务过程性考核记录表”（见附录）。

学习活动 2
制定楼梯钢筋制作与安装方案

学习目标

1. 掌握简单的分部分项工程施工方案编制方法。
2. 能根据楼梯钢筋施工图进行钢筋电子图翻样，并填写下料单。
3. 能正确合理使用安全帽、安全鞋及劳防服饰。
4. 培养团队协作和精益求精的精神。

建议学时

6 学时。

学习过程

一、编制楼梯钢筋施工方案

各个小组根据施工方案大纲完成简单楼梯钢筋施工方案的编制，任务认领单见表 6-2-1。

表 6-2-1　任务认领单

班级：__________　小组：__________　指导教师：__________　工作任务：________

姓名	任务描述	开始时间	结束时间	备注

1. 编制说明

(1)编制目的、适用范围

编制目的:____

____。

适用范围:____

____。

(2)编制依据

编制依据为某校建筑模型室楼梯施工图纸、规范标准及施工现场的实际情况。

1)施工图纸(见表 6-2-2)。

表 6-2-2 施工图纸

序号	图纸名称及设计编号	图纸目录	设计单位
1	某校建筑模型室楼梯施工图	1	—

2)主要规范、规程(见表 6-2-3)。

3)有关法规(见表 6-2-4)。

表 6-2-3 主要规范、规程

序号	规范、规程名称	规范、规程编号
1	混凝土结构工程施工质量验收规范	GB 50204—2015
2	建筑地基基础工程施工质量验收规范	GB 50202—2018
3	建筑工程施工质量验收统一标准	GB 50300—2013
4	混凝土质量控制标准	GB 50164—2011
5	混凝土结构施工图平面整体表示方法制图规则和构造详图	16G101-1、16G101-2、16G101-3
6	建筑物抗震构造详图	20G329-1
7	建筑工程资料管理规程	JGJ/T 185—2009

表 6-2-4　有关法规

<table>
<tr><th>序号</th><th>类别</th><th>名称</th><th>编号</th></tr>
<tr><td>1</td><td rowspan="3">国家</td><td>中华人民共和国建筑法</td><td>—</td></tr>
<tr><td>2</td><td>中华人民共和国劳动法</td><td>—</td></tr>
<tr><td>3</td><td>建设工程质量管理条例</td><td>—</td></tr>
<tr><td>4</td><td>行业</td><td>建设工程施工现场管理规定</td><td>建设部令第 15 号</td></tr>
</table>

2. 工程概况

(1) 基本概况

基本概况:____

____

____。

(2) 设计概况(见表 6-2-5)

表 6-2-5　设计概况

<table>
<tr><td rowspan="4">1</td><td rowspan="4">建筑面积</td><td>总建筑面积</td><td>万 m^2</td><td colspan="2">地下面积</td><td>万 m^2</td></tr>
<tr><td>占地面积</td><td>万 m^2</td><td colspan="2">地上面积</td><td>万 m^2</td></tr>
<tr><td rowspan="2">地下</td><td rowspan="2">层</td><td rowspan="2">地上</td><td>Ⅱ区</td><td>层</td></tr>
<tr><td>Ⅲ区</td><td>层</td></tr>
<tr><td>2</td><td>层高 /m</td><td colspan="5"></td></tr>
<tr><td rowspan="2">3</td><td rowspan="2">结构概况</td><td>基础形式</td><td colspan="4"></td></tr>
<tr><td>结构形式</td><td colspan="4"></td></tr>
<tr><td rowspan="3">4</td><td rowspan="3">结构断面尺寸 /mm</td><td>基础底板厚度</td><td colspan="4"></td></tr>
<tr><td>剪力墙厚度</td><td colspan="4"></td></tr>
<tr><td>楼板厚度</td><td colspan="4"></td></tr>
<tr><td>5</td><td>抗震等级</td><td colspan="5"></td></tr>
<tr><td>6</td><td>钢筋类别</td><td colspan="5"></td></tr>
<tr><td>7</td><td>钢筋直径 /mm</td><td colspan="5"></td></tr>
<tr><td>8</td><td>钢筋接头形式</td><td colspan="5"></td></tr>
</table>

（3）现场概况

现场概况：____

____

____。

（4）工程难点

工程难点：____

____

____。

3. 施工准备

（1）技术准备

技术准备：____

____

____

____

____

____

____

____。

（2）机具准备（见表6-2-6）

表6-2-6　钢筋机具准备一览表

序号	机械设备名称	型号	数量	功率
1				
2				
3				
4				
5				
6				

（3）人员准备（见表 6-2-7）

表 6-2-7　人员准备

序号	工位号	人员分工	人数	备注
1				根据工程施工进度和实际情况，各工种人数会有所变化
2				
3				
4				
5				

（4）材料准备

1）钢筋场地准备。由于施工场地狭小，钢筋场地准备的具体要求如下：钢筋场地分为钢筋原材堆放区、钢筋半成品堆放区和钢筋加工区，钢筋进临时加工场均按规定位置放在指定场区内。

2）场地平面布置图（见图 6-2-1）。

图 6-2-1　场地平面布置图

3）堆放要求

①原材。进场钢筋原材按未检验钢筋、检验合格钢筋、检验不合格钢筋分别堆放；不得直接堆放在地面，应用 100 mm × 100 mm 方木垫块架空堆放，以免钢筋

被水浸泡而生锈；挂标识牌，标识牌规格尺寸为 297 mm×210 mm。请自行设计材料标识牌 1（见图 6-2-2）。

图 6-2-2　材料标识牌 1

②成品和半成品。已加工好的钢筋按绑扎顺序分类、分区码放整齐，成行成列。成品和半成品存放场地挂标识牌，标识牌要标明钢筋规格、钢筋编号、使用部位及数量。请自行设计材料标识牌 2（见图 6-2-3）。

图 6-2-3　材料标识牌 2

（5）材料要求

1）钢筋。检查钢筋出厂合格证、质量证明文件及备案，按规定进行见证取样复试，经检验合格后方可使用。进场钢筋的生产厂家、规格、型号、数量应与出厂合格证或试验报告中所标明的相符，指标符合有关标准和规范。钢筋的外观应平直、

无损伤，表面不得有裂纹、油污、颗粒状或片状老锈。

纵向受力钢筋的抗拉强度实测值与屈服强度实测值的比值不小于 1.25，钢筋的屈服强度实测值与强度标准值的比值不大于 1.3。其目的是保证在地震作用下某些结构部位出现塑性铰以后钢筋还具有足够的变形能力。

2）铁丝。钢筋绑扎用的铁丝可采用 20 ~ 22 号铁丝（火烧丝）或镀锌铁丝，其中 22 号铁丝只用于绑扎直径 12 mm 以下的钢筋。钢筋绑扎铁丝长度见表 6-2-8。

表 6-2-8　钢筋绑扎铁丝长度

钢筋直径 /mm	铁丝长度 /mm							
	6 号 ~ 8 号	10 号 ~ 12 号	14 号 ~ 16 号	18 号 ~ 20 号	22 号	25 号	28 号	32 号
6 ~ 8	150	170	190	220	250	270	290	320
10 ~ 12	—	190	220	250	270	290	310	340
14 ~ 16	—	—	250	270	290	310	330	360
18 ~ 20	—	—	—	290	310	330	350	380
22	—	—	—	—	330	350	370	400

4. 主要施工方法

（1）钢筋加工

钢筋加工采用工位内加工，同时工位内堆放钢筋成品和半成品。

（2）钢筋加工要求

楼梯钢筋加工要求：

____

____

____。

确认钢筋弯曲成型后的允许偏差，合格后方可施工。钢筋弯曲成型后的允许偏差见表 6-2-9。

表 6-2-9　钢筋弯曲成型后的允许偏差

序号	项目	允许偏差 /mm		检查方法
		国家标准	世赛标准	
1	纵筋全长	± 10	± 1	尺量
2	纵筋外包长度	± 5	± 1	尺量
3	弯起点位移	± 20	± 1	尺量
4	弯起高度	± 3	± 1	尺量
5	箍筋外包尺寸	± 2	± 1	尺量

（3）钢筋半成品堆放

钢筋半成品按规格码放，挂好标识牌，以免混淆。每一种加工完成的钢筋上不得少于两个标识牌，标识牌的材料为塑料胸卡材质，标识牌的表格采用机器打印、手工填写，标识牌可重复使用。请自行设计材料标识牌 3（见图 6-2-4）。

图 6-2-4　材料标识牌 3

每一批原材钢筋存放支架上设木标识牌，木标识牌上用图钉固定塑料夹，便于随时更换。标识卡采用塑料板，塑料板可重复使用。请自行设计材料标识牌 4（见图 6-2-5）。

图 6-2-5　材料标识牌 4

（4）钢筋抽样

钢筋抽样由专业人员进行。抽样前仔细阅读有关图纸、设计变更、洽商及相关规范、规程、标准、图集，熟悉钢筋构造要求，读懂图纸中的各个细部，并以此画出结构配筋详图。

钢筋抽样中结合现场实际情况，考虑搭接、锚固等规范要求，进行放样下料，下料时必须兼顾钢筋长短搭配，最大限度地节约钢筋。

料单在该批钢筋加工使用前 7 天编制完毕，并经有关工程师审批后，方可下料加工。

下料前应依据料单查看现场钢筋的规格、用量情况，以及原材料复试是否合格、原材料各种规格是否齐全。如需钢筋代换，应与技术部会同设计人员协商，办理设计变更文件，方可进行钢筋代换施工。

（5）钢筋除锈的方法和设备

钢筋除锈的方法和设备：____

____

____

____

____

____

____

____。

（6）钢筋加工工具和设备

1）钢筋调直的方法和设备：直径 12 mm 以下的盘条采用钢筋调直机进行调直，同时可以根据需要切断。

2）钢筋切断的方法和设备：______________________________

____

____

____

____

____

____。

3）钢筋弯曲成型的方法和设备：__________________________

____

____

____

____

____

____。

（7）钢筋连接方式（钢筋连接位置见表 6-2-10）

表 6-2-10　钢筋连接位置表

结构部位		跨中 1/3 范围内	支座处 1/3 范围内	备注
楼板	下铁	—	√	
	上铁	√	—	
框架梁	下铁	—	√	
	上铁	√	—	

钢筋连接方式:____

____。

1）钢筋连接的一般要求:______________________________________

____

____

____

____。

2）钢筋搭接要求:____

____

____

____

____。

（8）钢筋绑扎

楼梯钢筋绑扎:____

____

____

____

____。

5. 质量要求

（1）允许偏差和检验方法（见表 6-2-11）

表 6-2-11　钢筋安装允许偏差和检验方法

<table>
<tr><th rowspan="2">序号</th><th colspan="2" rowspan="2">项目</th><th colspan="2">允许偏差 /mm</th><th rowspan="2">检验方法</th></tr>
<tr><th>国家标准</th><th>世赛标准</th></tr>
<tr><td rowspan="2">1</td><td rowspan="2">绑扎钢筋网</td><td>长、宽</td><td>± 10</td><td>± 1</td><td>尺量</td></tr>
<tr><td>网眼尺寸</td><td>± 20</td><td>± 1</td><td>尺量连续三档，
取最大偏差值</td></tr>
<tr><td rowspan="2">2</td><td rowspan="2">绑扎钢筋骨架</td><td>长</td><td>± 10</td><td>± 1</td><td>尺量</td></tr>
<tr><td>宽、高</td><td>± 5</td><td>± 1</td><td>尺量</td></tr>
<tr><td rowspan="3">3</td><td rowspan="3">纵向受力钢筋</td><td>锚固长度</td><td>-20</td><td>± 1</td><td>尺量</td></tr>
<tr><td>间距</td><td>± 10</td><td>± 1</td><td rowspan="2">尺量两端、中间各一点，
取最大偏差值</td></tr>
<tr><td>排距</td><td>± 5</td><td>± 1</td></tr>
</table>

续表

<table>
<tr><th rowspan="2">序号</th><th rowspan="2" colspan="2">项目</th><th colspan="2">允许偏差 /mm</th><th rowspan="2">检验方法</th></tr>
<tr><th>国家标准</th><th>世赛标准</th></tr>
<tr><td rowspan="3">4</td><td rowspan="3">纵向受力钢筋、箍筋的混凝土保护层厚度</td><td>基础</td><td>± 10</td><td>± 1</td><td>尺量</td></tr>
<tr><td>柱、梁</td><td>± 5</td><td>± 1</td><td>尺量</td></tr>
<tr><td>板、墙、壳</td><td>± 3</td><td>± 1</td><td>尺量</td></tr>
<tr><td>5</td><td colspan="2">绑扎箍筋、横向钢筋间距</td><td>± 20</td><td>± 1</td><td>尺量连续三档，取最大偏差值</td></tr>
<tr><td>6</td><td colspan="2">钢筋弯起点位置</td><td>20</td><td>± 1</td><td>尺量，沿纵、横两个方向量测，并取其中偏差的较大值</td></tr>
<tr><td rowspan="2">7</td><td rowspan="2">预埋件</td><td>中心线位置</td><td>5</td><td>± 1</td><td>尺量</td></tr>
<tr><td>水平高差</td><td>+3，0</td><td>± 1</td><td>尺量</td></tr>
</table>

（2）验收方法

1）主控项目：____

____

____

____

____。

2）一般项目：____

____

____

____

____

____。

（3）应注意的问题

应注意的问题：____

____

____

____

____

____

____。

（4）成品保护措施

成品保护措施：____

____

____

____

____

____

____。

6. 安全文明施工措施及环保措施

（1）安全文明施工措施

1）文明施工措施：____

____

____

____

____

____

____。

2）钢筋工作业措施：____

____

____

____

____。

（2）环保措施

环保措施：____

____

____

____

____

____

____

____。

二、钢筋翻样，填写下料单

详细阅读本任务楼梯结构施工图并结合结构图集（16G101-2）进行电子钢筋翻样，最后填写表 6-2-12。

表 6-2-12　钢筋下料单

工程名称：__________　　　　班组：__________

构件名称	钢筋强度等级	钢筋直径	钢筋简图	下料长度	根数	单根质量	总质量
总长度							
总质量							

三、完成施工进度计划表——横道图

根据本任务要求，采用横道图方式编制施工进度计划表（见表 6-2-13）。

表 6-2-13　施工进度计划表

评价与分析

根据每个小组成员在本活动学习过程中的表现填写“学习任务过程性考核记录表”（见附录）。

学习活动 3
审定楼梯钢筋制作与安装方案

学习目标

1. 能审定楼梯钢筋施工方案。
2. 能审定楼梯钢筋电子图翻样和钢筋下料单。
3. 能正确穿戴安全帽、安全鞋及劳防服饰。
4. 能审定施工进度计划表。
5. 培养发现问题和解决问题的能力。
6. 培养团队协作和精益求精的精神。

建议学时

4 学时。

学习过程

一、讨论、评价楼梯钢筋施工方案

每个小组选派代表讲解施工方案的要点和元素，展示施工方案，由指导教师组织其余小组打分（评分标准见表 6-3-1），并评论该方案的合理性和准确性，然后提出整改意见，课后统一整改，各个小组分别填写整改记录单（见表 6-3-2）。

表 6-3-1　施工方案评分表

施工方案名称				
	评分项	标准分值	实际分值	扣分原因
编制说明（分值：10 分）	1. 编制目的、适用范围	5		
	2. 编制依据：相关图纸及主要规范、规程、法律法规	5		
工程概况（分值：15 分）	1. 基本概况	4		
	2. 设计概况	3		
	3. 现场概况	3		
	4. 工程难点	5		
施工准备（分值：15 分）	1. 技术准备	3		
	2. 机具准备	3		
	3. 人员准备	3		
	4. 材料准备：钢筋场地准备、场地平面布置图、堆放要求	3		
	5. 材料要求：钢筋、钢丝	3		
主要施工方法（分值：30 分）	1. 钢筋加工	4		
	2. 钢筋加工要求	4		
	3. 钢筋半成品堆放	3		
	4. 钢筋抽样	3		
	5. 钢筋除锈的方法和设备	5		
	6. 钢筋加工工具和设备：调直、切断、弯曲成型	3		
	7. 钢筋连接：一般要求、钢筋的搭接	3		
	8. 钢筋绑扎	5		
质量要求（分值：20 分）	1. 允许偏差和检验方法	5		
	2. 验收方法：主控项目、一般项目	5		
	3. 应注意的问题	5		
	4. 成品保护措施	5		
安全文明施工要求及环保要求（分值：10 分）	1. 安全文明施工措施	5		
	2. 环保措施	5		

班组长签字：　　　　　　　　　　　　　　　　　指导教师签字：

表 6-3-2 整改记录单

工程名称		项目经理（指导教师）	
检查日期		班组	
检查项目		检查形式	

整改内容：

项目经理（签字）：
年 月 日

整改措施：

整改负责人（签字）：
年 月 日

整改结果：

整改验收人（签字）：
年 月 日

注：

项目经理（指导教师）签字：________ 班组长签字：________

二、确定钢筋实际下料长度

1. 钢筋下料长度的计算方法多样，教师需要首先组织各个小组讨论计算方法，各个小组派小组成员讲解计算方法，以及各类钢筋的下料长度，然后讨论确定统一的计算方法，最后各个小组再重新计算钢筋下料长度并填写表 6-3-3。

表 6-3-3 第二轮钢筋下料单

工程名称：__________ 班组：__________

构件名称	钢筋强度等级	钢筋直径	钢筋简图	下料长度	根数	单根质量	总质量
总长度							
总质量							

2. 由世赛选手演示，采用手动钢筋弯曲机确定钢筋实际的下料长度，并回答下列问题，完成表 6-3-4。

（1）影响钢筋实际下料长度的因素有哪些？并分析这些影响因素对最终钢筋下料的影响程度。

____

____

____

____

____

（2）实际下料长度与理论下料长度的关系是什么？

____

____

____

____

（3）确定实际下料长度的计算方式有哪些？说明如何控制钢筋的实际下料长度。

____

____

____

____

____

表 6-3-4　钢筋实际下料单

工程名称：__________　　班组：__________

构件名称	钢筋强度等级	钢筋直径	钢筋简图	实际下料长度	根数	单根质量	总质量
总长度							
总质量							

三、确定个人劳防用品使用情况

每个小组选派一名代表进行劳防用品的演示，由其余小组打分并评论该劳防用品是否已经正确佩戴或使用，教师结合世赛对劳防用品的使用要求对每个小组进行评价并完成表 6-3-5，各个小组根据整改意见进行统一整改。

表 6-3-5　劳防用品评分表

班组：＿＿＿＿＿＿＿＿　　　　指导教师：＿＿＿＿＿＿＿＿

<table>
<tr><th>项目</th><th colspan="2">评分</th><th>得分</th><th>整改意见</th></tr>
<tr><td rowspan="2">安全帽</td><td>合格</td><td>1</td><td rowspan="2"></td><td rowspan="2"></td></tr>
<tr><td>不合格</td><td>0</td></tr>
<tr><td rowspan="2">安全鞋</td><td>合格</td><td>1</td><td rowspan="2"></td><td rowspan="2"></td></tr>
<tr><td>不合格</td><td>0</td></tr>
<tr><td rowspan="2">安全服饰</td><td>合格</td><td>1</td><td rowspan="2"></td><td rowspan="2"></td></tr>
<tr><td>不合格</td><td>0</td></tr>
<tr><td rowspan="2">手套</td><td>合格</td><td>1</td><td rowspan="2"></td><td rowspan="2"></td></tr>
<tr><td>不合格</td><td>0</td></tr>
<tr><td rowspan="2">护目镜</td><td>合格</td><td>1</td><td rowspan="2"></td><td rowspan="2"></td></tr>
<tr><td>不合格</td><td>0</td></tr>
<tr><td rowspan="2">口罩</td><td>合格</td><td>1</td><td rowspan="2"></td><td rowspan="2"></td></tr>
<tr><td>不合格</td><td>0</td></tr>
</table>

四、确认施工进度计划表

指导教师组织各个小组讨论施工进度计划表的合理性，各个小组根据讨论结果填写最终确认的施工进度计划表（见表 6-3-6）。

表 6-3-6　施工进度计划表

五、签署确认单，集体进行备工、备料

每个小组选派一名学生作为监督检查人员，教师组织学生对各个小组的下料单、施工方案、工具、材料及工位（楼梯模板支模情况）进行最终确认，确认后由各个班组长签字，形成表 6-3-7。

表 6-3-7 确认单

班组:____________ 指导教师:____________

项目	序号	规格型号	备注	签字确认
下料单	1			
施工方案	1			
工具	1			
	2			
	3			
	4			
	5			
	6			
	7			
	8			
	9			
	10			
材料	1			
	2			
	3			
	4			
	5			
	6			
	7			
	8			
	9			
	10			
工位	1			

评价与分析

根据每个小组成员在本活动学习过程中的表现填写“学习任务过程性考核记录表”（见附录）。

学习活动 4 实施楼梯钢筋制作与安装方案

学习目标

1. 能根据楼梯钢筋制作与安装要求，进行现场安全、技术交底工作。

2. 能根据楼梯结构施工详图、混凝土结构图集及施工进度计划表进行楼梯钢筋施工。

3. 培养团队协作和精益求精的精神。

4. 培养学习能力和动手能力，能快速掌握新技能和新方法。

建议学时

14 学时。

学习过程

一、技术交底

根据楼梯钢筋制作与安装要求，进行现场安全、技术交底工作，并形成表 6-4-1“技术交底记录表”。

表 6-4-1　技术交底记录表

技术交底记录		编号	
工程名称		交底日期	
施工班组		分项工程名称	楼梯钢筋工程
交底提要	楼梯钢筋制作与安装		

续表

交底内容：

1. 楼梯钢筋绑扎过程

2. 钢筋安装的质量要求（国家标准）：

3. 钢筋安装的质量要求（世赛标准）：

钢筋安装允许偏差和检验方法：

钢筋安装允许偏差和检验方法

序号	项目		允许偏差 /mm		检验方法
			国家标准	世赛标准	
1	绑扎钢筋网	长、宽	± 10	± 1	尺量
		网眼尺寸	± 20	± 1	尺量连续三档，取最大偏差值
2	绑扎钢筋骨架	长	± 10	± 1	尺量
		宽、高	± 5	± 1	尺量
3	纵向受力钢筋	锚固长度	−20	± 1	尺量
		间距	± 10	± 1	尺量两端、中间各一点，取最大偏差值
		排距	± 5	± 1	
4	纵向受力钢筋、箍筋的混凝土保护层厚度	基础	± 10	± 1	尺量
		柱、梁	± 5	± 1	尺量
		板、墙、壳	± 3	± 1	尺量
5	绑扎箍筋、横向钢筋间距		± 20	± 1	尺量连续三档，取最大偏差值
6	钢筋弯起点位置		20	± 1	尺量，沿纵、横两个方向量测，并取其中偏差的较大值
7	预埋件	中心线位置	5	± 1	尺量
		水平高差	+3，0	± 1	尺量

审核人		交底人		接交人	

注：1. 本表由施工单位填写，交底单位与接受交底单位各存一份。

2. 做分项工程施工技术交底时应填写“分项工程名称”栏，其他技术交底可不填写。

二、楼梯钢筋施工

1. 施工准备

（1）劳防用品穿戴就位。

（2）工具、材料发放。

（3）施工图纸准备。

施工过程：每个小组由一位世赛项目选手辅助进行钢筋下料制作与安装，教师引导学生完成整个工作任务。

2. 楼梯钢筋下料

总结楼梯钢筋下料步骤、下料技巧及下料过程中应该注意的问题，完成表 6-4-2。

表 6-4-2　楼梯钢筋下料步骤、下料技巧及下料过程中应该注意的问题

事项	序号及说明	附照片
下料步骤	1.	
	2.	
	3.	

续表

事项	序号及说明	附照片
下料步骤	4.	
	5.	
下料技巧	1.	
	2.	
	3.	
	4.	

续表

事项	序号及说明	附照片
下料技巧	5.	
下料过程中应该注意的问题	1.	
	2.	
	3.	
	4.	
	5.	

3. 楼梯钢筋加工

总结楼梯钢筋加工步骤、加工技巧及加工过程中应该注意的问题，完成表6-4-3。

表6-4-3　楼梯钢筋加工步骤、加工技巧及加工过程中应该注意的问题

事项	序号及说明	附照片
加工步骤	1.	
	2.	
	3.	
	4.	
	5.	

续表

事项	序号及说明	附照片
加工技巧	1.	
	2.	
	3.	
	4.	
	5.	

续表

事项	序号及说明	附照片
加工过程中应该注意的问题	1.	
	2.	
	3.	
	4.	
	5.	

4. 楼梯钢筋放样

（1）绘制楼梯钢筋放样施工图图 6-4-1，在图中明确放样的先后顺序。

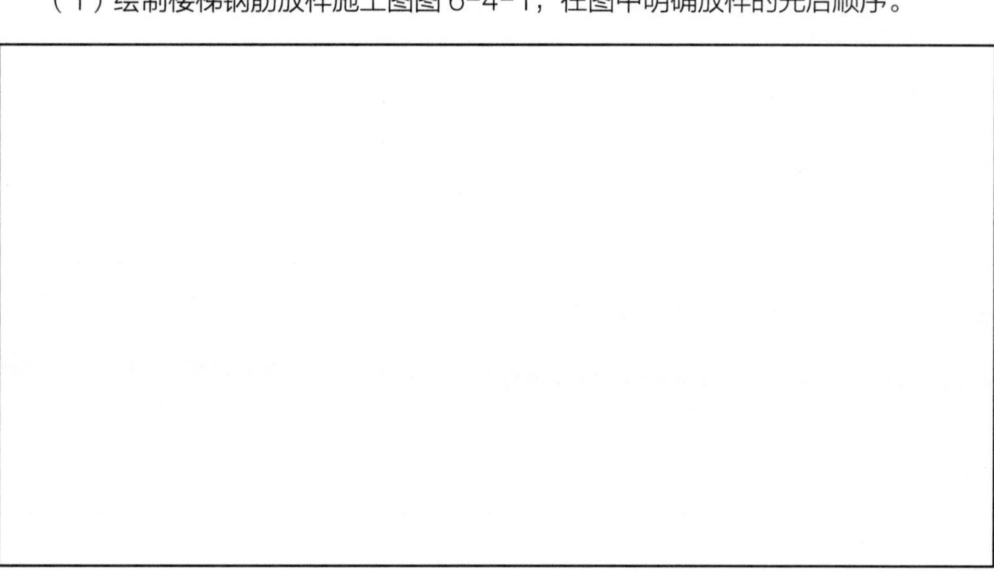

图 6-4-1　楼梯钢筋放样施工图

（2）总结楼梯钢筋放样步骤、放样技巧及放样过程中应该注意的问题，完成表 6-4-4。

表 6-4-4　楼梯钢筋放样步骤、放样技巧及放样过程中应该注意的问题

事项	序号及说明	附照片
放样步骤	1.	
	2.	
	3.	

续表

事项	序号及说明	附照片
放样步骤	4.	
	5.	
放样技巧	1.	
	2.	
	3.	
	4.	

续表

<table>
<tr><th>事项</th><th>序号及说明</th><th>附照片</th></tr>
<tr><td>放样技巧</td><td>5.</td><td></td></tr>
<tr><td rowspan="5">放样过程中应该注意的问题</td><td>1.</td><td></td></tr>
<tr><td>2.</td><td></td></tr>
<tr><td>3.</td><td></td></tr>
<tr><td>4.</td><td></td></tr>
<tr><td>5.</td><td></td></tr>
</table>

5. 楼梯钢筋绑扎

总结楼梯钢筋绑扎步骤、绑扎技巧及绑扎过程中应该注意的问题，完成表 6-4-5。

表 6-4-5　楼梯钢筋绑扎步骤、绑扎技巧及绑扎过程中应该注意的问题

事项	序号及说明	附照片
绑扎步骤	1.	
	2.	
	3.	
	4.	
	5.	

续表

事项	序号及说明	附照片
绑扎技巧	1.	
	2.	
	3.	
	4.	
	5.	

续表

事项	序号及说明	附照片
绑扎过程中应该注意的问题	1.	
	2.	
	3.	
	4.	
	5.	

6. 工完场清

当天任务完成后，各个小组按照场地平面布置图将材料和工具归类整理，工位卫生、垃圾清理完成后将垃圾或废料放到指定地点，经各个班组长确认后方可离开工位。请回答下列问题：

（1）工完场清的概念和基本要求是什么？

____

____

____

____

（2）工完场清过程中需要注意哪些问题？

____

____

____

____

评价与分析

根据每个小组成员在本活动学习过程中的表现填写“学习任务过程性考核记录表”（见附录）。

学习活动 5 楼梯钢筋制作与安装过程控制

学习目标

1. 掌握国家标准和世赛标准的评分和测量方法。
2. 能对照评分表，分析误差产生的原因，并能调整参数。
3. 培养团队协作和精益求精的精神。

建议学时

4 学时。

学习过程

一、测评

测评共分为模块 A、模块 B、模块 C 和模块 D 四个模块。

1. 在整个施工过程中，每个小组选派一名代表作为巡查员，教师组织巡查员按照世赛要求对各个小组的工作组织与沟通能力进行评价，具体评分标准见表 6-5-1 中的模块 A。

2. 楼梯钢筋下料结束后，教师组织巡查员对各个工位的钢筋下料长度进行测评，具体评分标准见表 6-5-1 中的模块 B。

3. 楼梯钢筋下料加工结束后，教师组织巡查员对各个工位的钢筋加工后长度进行测评，具体评分标准见表 6-5-1 中的模块 C。

4. 楼梯钢筋绑扎结束后，教师组织巡查员对各个工位的钢筋成型尺寸进行测评，具体评分标准见表 6-5-1 中的模块 D。

表 6-5-1 评分标准

评分标准		评分子标准			评分特征		评分类型 M= 测量 J= 评价	最大分值
编号	名称	编号	评分日	描述	编号	描述		
A	工作组织与沟通能力	A1	第一天	工作组织	A1.01	正确佩戴安全帽，安全鞋、手套正确使用	M	2.00
					A1.02	工完料清，工作结束后清理工作区，无废料和垃圾堆放	J	2.00
		A2	第一天	沟通能力	A2.01	不大声喧哗，不混乱	J	2.00
					A2.02	对队友信任，积极沟通	J	1.50
		A3	第二天	工作组织	A3.01	正确佩戴安全帽，安全鞋、手套正确使用	M	2.00
					A3.02	工完料清，工作结束后清理工作区，无废料和垃圾堆放	J	2.00
		A4	第二天	沟通能力	A4.01	不大声喧哗，不混乱	J	2.00
					A4.02	对队友信任，积极沟通	J	1.50
B	识图与钢筋配料	B1	第一天	下料计算	B1.01	上部受力筋	M	2.00
					B1.02	上部构造筋	M	2.00
					B1.03	下部受力筋	M	2.00
					B1.04	下部构造筋	M	2.00
		B2	第一天	下料	B2.01	上部受力筋长度 1	M	1.00
					B2.02	上部受力筋长度 2	M	1.00
					B2.03	上部受力筋长度 3	M	1.00
					B2.04	上部构造筋长度 1	M	1.00
					B2.05	上部构造筋长度 2	M	1.00
					B2.06	上部构造筋长度 3	M	1.00
					B2.07	下部受力筋长度 1	M	1.00
					B2.08	下部受力筋长度 2	M	1.00
					B2.09	下部受力筋长度 3	M	1.00

续表

评分标准		评分子标准			评分特征		评分类型 M= 测量 J= 评价	最大分值
编号	名称	编号	评分日	描述	编号	描述		
B	识图与钢筋配料	B2	第一天	下料	B2.10	下部构造筋长度 1	M	1.00
					B2.11	下部构造筋长度 2	M	1.00
					B2.12	下部构造筋长度 3	M	1.00
C	钢筋加工	C1	第一天	钢筋加工尺寸	C1.01	上部受力筋成型尺寸 1	M	1.50
					C1.02	上部受力筋成型尺寸 2	M	1.50
					C1.03	上部受力筋成型尺寸 3	M	1.50
					C1.04	上部构造筋成型尺寸 1	M	1.50
					C1.05	上部构造筋成型尺寸 2	M	1.50
					C1.06	上部构造筋成型尺寸 3	M	1.50
					C1.07	下部受力筋成型尺寸 1	M	1.50
					C1.08	下部受力筋成型尺寸 2	M	1.50
					C1.09	下部构造筋成型尺寸 1	M	1.50
					C1.10	下部构造筋成型尺寸 2	M	1.50
D	钢筋绑扎	D1	第二天	上部受力筋间距	D1.01	间距 1	M	1.50
					D1.02	间距 2	M	1.50
					D1.03	间距 3	M	1.50
					D1.04	间距 4	M	1.50
					D1.05	间距 5	M	1.50
		D2	第二天	上部构造筋位置	D2.01	位置 1	M	1.50
					D2.02	位置 2	M	1.50
					D2.03	位置 3	M	1.50
					D2.04	位置 4	M	1.50
					D2.05	位置 5	M	1.50
		D3	第二天	下部受力筋间距	D3.01	间距 1	M	1.50
					D3.02	间距 2	M	1.50
					D3.03	间距 3	M	1.50
					D3.04	间距 4	M	1.50
					D3.05	间距 5	M	1.50

续表

评分标准		评分子标准			评分特征		评分类型 M= 测量 J= 评价	最大分值
编号	名称	编号	评分日	描述	编号	描述		
D	钢筋绑扎	D4	第二天	下部构造筋位置	D4.01	位置 1	M	1.50
					D4.02	位置 2	M	1.50
					D4.03	位置 3	M	1.50
					D4.04	位置 4	M	1.50
					D4.05	位置 5	M	1.50
		D5	第二天	钢筋整体成型尺寸	D5.01	钢筋 x 向整体成型尺寸 1	M	2.50
					D5.02	钢筋 x 向整体成型尺寸 2	M	2.50
					D5.03	钢筋 x 向整体成型尺寸 3	M	2.50
					D5.04	钢筋 y 向整体成型尺寸 1	M	2.50
					D5.05	钢筋 y 向整体成型尺寸 2	M	2.50
					D5.06	钢筋 y 向整体成型尺寸 3	M	2.50
		D5	第二天	钢筋绑扎	D5.01	受力筋和构造筋紧贴，无间隙	M	2.00
					D5.02	钢筋无松扣、缺扣	M	2.00
					D5.03	绑扎对保护层的影响	M	2.00
					D5.04	马凳安装准确	M	2.00
		D6	第二天	垫块	D6.01	正确放置保护层垫块	M	1.00
					D6.02	保护层垫块间距合理	M	1.00
		D7	第二天	成型钢筋骨架	D7.01	钢筋骨架方正、无明显倾斜，主筋端部平齐	J	5.00

二、结果分析

对照评分标准表 6-5-1，分析误差产生的原因，并讨论如何调整以减小误差，最后完成表 6-5-2。

表 6-5-2 测评结构分析表

编号	名称	描述	误差	误差产生原因分析	减小误差方法
A	工作组织与沟通能力	工作组织			
		沟通能力			
B	识图与钢筋配料	下料计算			
		下料			
C	钢筋加工	钢筋加工尺寸			
D	钢筋绑扎	上部受力筋间距			
		上部构造筋位置			
		下部受力筋间距			
		下部构造筋位置			
		钢筋整体成型尺寸			
		钢筋绑扎			
		垫块			
		成型钢筋骨架			

评价与分析

根据每个小组成员在本活动学习过程中的表现填写“学习任务过程性考核记录表”（见附录）。

学习活动 6
楼梯钢筋制作与安装验收总结

学习目标

1. 能正确规范地撰写工作总结。
2. 巩固楼梯钢筋的基本概念、类型及受力特点。
3. 培养团队协作和精益求精的精神。

建议学时

2 学时。

学习过程

一、个人、小组评价

以小组为单位，选择演示文稿、展板、海报、视频等形式中的一种或几种，向全班展示楼梯钢筋制作与安装的作业成果。在展示的过程中，以小组为单位进行评价。评价完成后，各个小组根据其他小组成员对本小组展示成果的评价意见进行归纳总结。

二、教师评价

认真听取教师对本小组展示成果优缺点及在完成工作过程中出现的亮点和不足的评价意见，并做好记录。

1. 教师对本小组展示成果优点的点评。

2. 教师对本小组展示成果缺点及改进方法的点评。

3. 教师对本小组在整个任务完成过程中出现的亮点和不足的点评。

三、楼梯钢筋制作与安装工作过程回顾及总结

1. 总结完成楼梯钢筋制作与安装施工任务过程中遇到的问题和困难，列举 2 ~ 3 点你认为比较值得分享的工作经验。

2. 回顾完成本学习任务的工作过程，对新学专业知识和技能进行归纳和整理，写一篇不少于 800 字的工作总结。

评价与分析

按照客观、公正和公平原则，在教师的指导下按自我评价、小组评价和教师评价三种方式对自己或他人在本学习任务中的表现进行综合评价。综合等级按 A（90 ~ 100）、B（75 ~ 89）、C（60 ~ 74）、D（0 ~ 59）四个级别填写。学习任务综合评价表见表 6-6-1。

表 6-6-1　学习任务综合评价表

考核项目	评价内容	配分	评价分数		
			自我评价	小组评价	教师评价
职业素养	劳防用品穿戴完备，仪容仪表符合工作要求				
	安全意识、责任意识、服从意识强				
	积极参加教学活动，按时完成各项学习任务				
	团队合作意识强，善于与人交流和沟通				
	自觉遵守劳动纪律，尊敬师长，团结同学				
	爱护公物，节约材料，现场符合“7S”管理标准				

续表

考核项目	评价内容	配分	评价分数		
			自我评价	小组评价	教师评价
专业能力	专业知识扎实，有较强的自学能力				
	施工操作积极，训练刻苦，具有相应的动手能力				
	施工规范，认真选取原料，注重工艺安全，工作效率高				
工作成果	施工流程符合工艺规范，钢筋满足施工要求				
	工作总结符合要求，施工质量高				
总分					
总评	自我评价 ×20% + 小组评价 ×20% + 教师评价 ×60% =	综合等级		教师（签字）:	

附录

学习任务过程性考核记录表

班级：　　　　　　　姓名：　　　　　　　学号：　　　　　　　日期：

<table>
<tr><th rowspan="2">序号</th><th rowspan="2">评价项目</th><th rowspan="2" colspan="4">评价标准（A、B、C、D）</th><th colspan="4">自我评价结果</th><th colspan="4">小组评价结果</th></tr>
<tr><th>A</th><th>B</th><th>C</th><th>D</th><th>A</th><th>B</th><th>C</th><th>D</th></tr>
<tr><td>1</td><td>预习准备情况</td><td colspan="4">完成□　大部分完成□　大部分未完成□　未完成□</td><td></td><td></td><td></td><td></td><td></td><td></td><td></td><td></td></tr>
<tr><td>2</td><td>资料收集水平</td><td colspan="4">高□　较高□　一般□　差□</td><td></td><td></td><td></td><td></td><td></td><td></td><td></td><td></td></tr>
<tr><td>3</td><td>与教师、同学沟通情况</td><td colspan="4">好□　较好□　一般□　存在较大的问题□</td><td></td><td></td><td></td><td></td><td></td><td></td><td></td><td></td></tr>
<tr><td>4</td><td>与同学协作情况</td><td colspan="4">好□　较好□　一般□　存在较大的问题□</td><td></td><td></td><td></td><td></td><td></td><td></td><td></td><td></td></tr>
<tr><td>5</td><td>工作主动性</td><td colspan="4">好□　较好□　一般□　差□</td><td></td><td></td><td></td><td></td><td></td><td></td><td></td><td></td></tr>
<tr><td>6</td><td>工作态度</td><td colspan="4">认真□　较认真□　不太认真□　非常不认真□</td><td></td><td></td><td></td><td></td><td></td><td></td><td></td><td></td></tr>
<tr><td>7</td><td>技术方法运用情况</td><td colspan="4">好□　较好□　一般□　存在较大的问题□</td><td></td><td></td><td></td><td></td><td></td><td></td><td></td><td></td></tr>
<tr><td>8</td><td>任务完成情况</td><td colspan="4">较快完成□　完成□　大部分完成□　大部分未完成□</td><td></td><td></td><td></td><td></td><td></td><td></td><td></td><td></td></tr>
<tr><td>9</td><td>“7S”管理标准执行情况</td><td colspan="4">好□　较好□　一般□　存在较大的问题□</td><td></td><td></td><td></td><td></td><td></td><td></td><td></td><td></td></tr>
<tr><td>10</td><td>创新情况</td><td colspan="4">好□　较好□　一般□　无□</td><td></td><td></td><td></td><td></td><td></td><td></td><td></td><td></td></tr>
<tr><td colspan="2">等级</td><td>A（7个以上A，无D）</td><td>B（4个以上A，无D）</td><td>C（3个以内D）</td><td>D（6个以上D）</td><td>自评</td><td></td><td colspan="2">小组评</td><td colspan="4"></td></tr>
<tr><td colspan="2">备注</td><td colspan="12">在对应的位置标上“√”，自评和小组评作为参考成绩</td></tr>
</table>